U0168823

飞天UMA！
凶恶扰民的

据说，在非洲，有一种不知来自何方的飞天怪物。它性情凶恶，专门袭击当地居民。此怪物名叫康加马托，其外观有如翼手龙再世，就像是从数千万年前穿越时空来到现代四处作乱的妖怪。被袭击的人类，除了逃跑以外，难道别无他法了吗？

古怪的

难道是

UFO 派来的吗？

UMA

在美洲的智利和墨西哥，经常有人目击山羊等家畜被『卓柏卡布拉』咬住，吸干鲜血。

它的容貌让人觉得一点儿都不像是地球上的生物。

它是人类基因重组实验的产物吗？

不，搞不好它是来自外太空的飞碟正悄悄侵略地球的证据！

全身都是毛的长毛鱼
正在南非附近的海域和虎鲸打斗！
地球的陆地上
几乎到处都有人类的足迹，
但在广阔的海底，
在那封闭在黑暗中的未知世界，
人类还在不断地探寻……

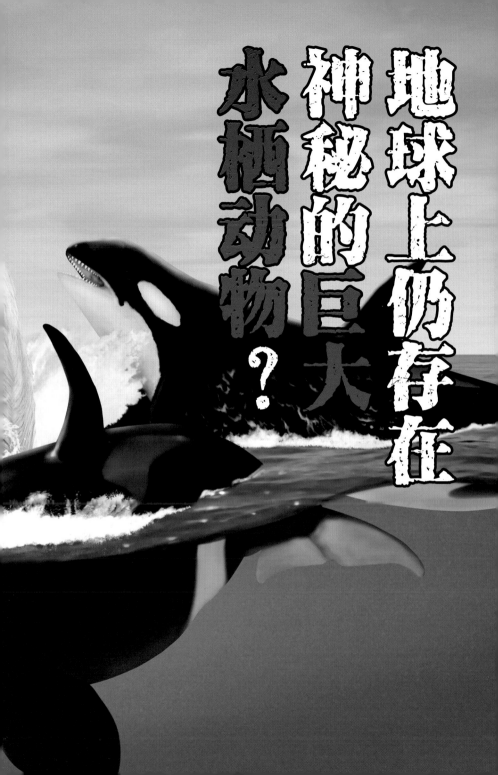

地球上仍存在神秘的巨大水栖动物？

新尼希
被日本渔船打捞上来、已腐烂的谜之生物遗体，其形状就像活在远古时期的蛇颈龙。（请参阅第 132 页。）

躲藏至今的
上古生物
水栖型UMA

尚普
在美国的湖泊里曾发现一只体长约 17 米的巨大水栖兽，其背影简直就是蛇颈龙再现!（请参阅第 82 页。）

宁恩
网络上疯狂转载的在南极海出现的未知生物的照片。它没有双手、用两腿站立的模样令人毛骨悚然。（请参阅第 126 页。）

原始人化石?
兽人型UMA

明尼苏达冰人

这是在冰封状态下被发现的UMA。这具来自越南丛林的明尼苏达冰人的遗体,到底是真的还是假的?(请参阅第30页。)

臭鼬猿

体臭足以和臭鼬匹敌的巨大兽人,它到底是从动物园逃出来的红猩猩,还是不为人知的新种人猿?(请参阅第34页。)

罗马尼亚兽人

这是在欧洲出没的高智慧未知生物。这个既不是猿猴也不是人类的罗马尼亚兽人,它拿着一根大木棒到底想做什么?(请参阅第63页。)

在天空盘旋的诡异怪物 飞行型UMA

天蛾人

2010 年，现身于德国纽伦堡的飞行生物。看那眼泛红光、形似昆虫的恐怖模样，不禁让人联想到曾经肆虐美国的怪物——天蛾人。（请参阅第 146 页。）

天空飞鱼

2004 年，伊拉克战争期间，电视画面上居然出现了奇妙的飞行物体，它正以肉眼无法轻易辨识的超高速飞行。难道它就是传说中的"天空飞鱼"吗？（请参阅第 145 页。）

LIVE
BAGHDAD
/FOX

从异次元涌出的妖怪UMA

异形巨猫

这只暗如阴影、形如黑豹的生物会瞬间移动，并突然现身在人类的村庄里，袭击人类和家畜。（请参阅第 160 页。）

日本学研神秘
·百科·

The
ENCYCLOPEDIA

未知生物
大百科
of
UMA

日本学研教育出版社◎编者

王榆琮◎译

浙江文艺出版社
Zhejiang Literature & Art Publishing House

前言

你听说过未知生物（UMA）吗？例如尼斯湖水怪、大脚怪、神农架野人、卓柏卡布拉……

在这个广大的世界中，至今仍存在许多人类从未发现的神秘生物，它们平时都躲在人们无从察觉的地方。

UMA 是 Unidentified Mysterious Animal 的简称，意思是"无法确认是否真实存在的神秘动物"，在日本，通常称之为"未知生物"或"未确认动物"。

未知生物栖息于世界各地——海洋、河川、深山、丛林和沙漠等。它们主要栖息在人烟稀少的地区，偶尔会出现在人类面前。它们的种类五花八门，有外观类似恐龙的生物、大猩猩般的多毛兽人、妖怪般令人战栗的怪兽等，其中可能也有"只是错看成某种生物"的情况。

事实上，许多科学家都不认同UMA的存在。但是，未知生物的目击报告越来越多，也拍摄到了许多相关照片。这些现象让人无法轻易地用常识来判断，不免让人有"这世上或许存在某种不知名生物"的想法。

本书将介绍98种难以用科学解析的未知生物，或许你看完会有"这张照片拍到的东西是真的吗""这个世界是不是还有从未发现过的大型哺乳动物""恐龙真的绝种了吗"等各种疑问。

世界充满谜团。如果未知生物真的存在于世上，那它们会留下什么证据等着我们去发现呢？总之，在解开所有谜题之前，让我们先通过本书，好好地检视现有的"证据"吧！

本书的使用方式

UMA 是 Unidentified Mysterious Animal 的简称，
意思是"未知生物"或"不明生物"。
本书通过各种角度介绍 UMA，尽可能地还原其面貌，
带领读者一同揭开 UMA 的神秘面纱。

资料

UMA主要出没地点、初次目击时间、身长等数据。

名字

UMA的通称。

真实度

UMA存在于世的评估等级，星星越多，表示真实度越高。

档案编号

本书介绍的98种UMA的编号。

照片

目击者拍摄到的UMA照片，以及示意图等资料。

豆知识

与UMA相关的小知识。

用语解说

UFO	不明飞行物体，也有人称为幽浮，被普遍认作从外太空来的飞行物体。
UMA	尚未被确认真实存在于世的动物的总称，即未知生物。
活化石	从远古时代生存至今，依然保留着原始外观的动植物。
兽人	和人类一样用两脚直立行走、全身布满毛发的未知生物。
原始人化石	泛指已成为化石的原始人。
蛇颈龙	生存于侏罗纪和白垩纪之间的海栖爬行动物，特征是脖子相当长。
水栖兽	在大海、湖泊等水域生存的未知生物。
翼手龙	生存于侏罗纪和白垩纪之间的爬行动物，可借皮膜翅膀飞行。

目 录
CONTENTS

三大UMA目击档案

第 1 章

本章将介绍世界知名的三大未知生物：尼斯湖水怪、北美洲大脚怪以及喜马拉雅山雪人。

三 尼斯湖水怪现身

大 UMA 目击档案 ①

尼斯湖水怪是最常被世人提到的未知生物，传说中，它是一只巨型的水栖怪兽，从英国的尼斯湖探出头来。它究竟是幸存于现代的古生物后裔，还是经过演化的新物种呢？本节将为大家介绍引人瞩目的尼斯湖水怪的目击记录！

1977 年 5 月 21 日，在尼斯湖畔露营的安索尼·席兹拍的尼斯湖水怪的照片。虽然这张照片拍得相当清楚，但有不少研究者怀疑它的真实性。

Nessie

▲可以一览尼斯湖美景的厄克特城堡遗迹。厄克特城堡是一座 13 世纪建造的城堡。

豆知识 MEMO

！

尼斯湖全长约 35 千米，平均水深约 200 米，在约 1 万年前由融解的冰河切削地表而成，并在引入海水后逐渐演变为湖泊。目前尼斯湖已成为一个淡水湖，即使到了冬天也不会结冻。

▲ 1933 年 4 月，目击尼斯湖水怪的多娜泰拉。

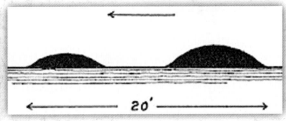

20'

▲按照多娜泰拉的描述画出的示意图。她说，湖中的黑色隆起物全长约 6 米，当时无法以照相机一次拍下。

1933 年，位于英国苏格兰北部的尼斯湖爆出"怪物现踪"的新闻。当时该湖西岸的国道刚通车，到此旅游的观光客因此暴增。

4 月 14 日下午 3 点，在附近经营旅馆的马肯夫妇——约翰和多娜泰拉——正好开车经过尼斯湖北岸。突然，多娜泰拉察觉到了湖面的异状，她大叫着："约翰，快停下！那里有怪物！"

约翰往妻子所指方向望去，只见平静的湖面上有一处波纹不断，中间耸立着某种不知名的物体。

"那个黑色突起物是什么啊？"

接着，那黑影就在两人的眼前沉入湖中。

由于马肯夫妇的目击事件，当地报纸开始大肆报道"尼斯湖里有怪物"的消息，这在全世界引起了不小的骚动。

湖面隆起的黑色团块

SECRET FILE

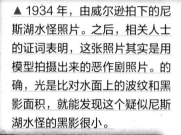

▼1933 年 11 月，由休葛雷拍下的尼斯湖水怪照片。此照片摄于尼斯湖的福耶斯河口附近。

▲1934 年，由威尔逊拍下的尼斯湖水怪照片。之后，相关人士的证词表明，这张照片其实是用模型拍摄出来的恶作剧照片。的确，光是比对水面上的波纹和黑影面积，就能发现这个疑似尼斯湖水怪的黑影很小。

►1955 年 7 月 29 日，银行业者法兰克·马格那普在厄克特城堡附近拍摄到尼斯湖水怪的背部。厄克特城堡高约 20 米，因此可以估算出尼斯湖水怪的全长大约有 15 米。

接踵而至的目击报告

在这次目击事件后，目击"尼斯湖水怪"的记录越来越多。在此介绍尼斯湖水怪最具代表性的几张照片与目击记录。

1933 年 11 月 12 日，休葛雷拍下了史上第一张尼斯湖水怪照片。

1934 年，于尼斯湖湖畔道路上发现了巨大的生物化石，其外观类似蛇颈龙。

1934 年 4 月 19 日，伦敦医生罗伯特·肯尼斯·威尔逊途经尼斯湖时发现水怪在湖中游动，于是用相机拍下了一张照片。这张照片被人们称为"外科医生的照片"，震惊了全世界，并且导致了"尼斯湖的蛇颈龙还活着"的传言。可惜的是，根据 1993 年相关人士的证词，那其实是用潜水艇模型伪造的照片。

4

▲ 1960 年，博物学者彼得·欧康纳以非常近的距离拍到疑似尼斯湖水怪鳍部的照片。

▲游动中的尼斯湖水怪扬起 V 字形的大浪。由此推断，尼斯湖水怪能够以时速 16 千米的速度在水中移动。

◀提姆·丁斯德。

▶公元 565 年的《圣科伦巴传》(*Life of St.Columba*) 记载，尼斯湖附近的河流中曾出现会袭击人类的巨龙。这条巨龙也许是从 7000 万年前繁衍至今的，并且是尼斯湖水怪的真正身份。

1960 年 4 月 23 日，尼斯湖水怪研究学者提姆·丁斯德以 16 毫米摄影机成功拍摄到了"游泳中的尼斯湖水怪"，这成为历史上第一部关于尼斯湖水怪的纪录片。

1977 年 5 月 21 日，在尼斯湖边露营的安索尼·席兹拍到了相当清晰的尼斯湖水怪彩色照片。

自现代第一次目击尼斯湖水怪，已经过了 80 多年，即使到了现在，依然有许多目击报告出来。只可惜当中很多都是值得怀疑的假照片。但随着科学家努力调查尼斯湖水下的生态，人们得到了很多相关成果。

下一页，我们将通过值得信赖的调查资料，详细剖析尼斯湖水怪的真实身份。

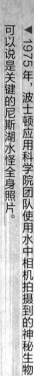

▼1975年，波士顿应用科学院团队使用水中相机拍摄到的神秘生物，可以说是关键的尼斯湖水怪全身照片。

Loch Ness Monster

尼斯湖水怪

真实度 ★★★★

出没地点：英国　发现时间：1933年　身长：约12米

UMA FILE: 001

尼斯湖里真的有蛇颈龙吗？

　　尼斯湖平均水深约200米，最深处有293米，是传闻中的巨型水栖生物尼斯湖水怪的栖息地。由于尼斯湖水质较混浊，即使潜入湖中，能见度也只有3—5米。

　　尼斯湖拥有丰富的鱼类生态，有最佳的食物，对尼斯湖水怪来说，这里是最佳的藏匿地点。人们目击尼斯湖水怪时，通常是它偶尔探出湖面的时候。

　　从20世纪到现代，尼斯湖水怪的目击人数已经累计4000人以上。

　　关于尼斯湖水怪的大量目击记录，尼斯湖水怪研究专家们分析后，学者提姆·丁斯德做了完整的归纳：尼斯湖水怪身长

▲1972 年，波士顿应用科学院团队于湖中拍摄到疑似尼斯湖水怪鳍部的照片。

▶1975 年的调查中，波士顿应用科学院团队将相机设置在水深 24 米及 12 米处。

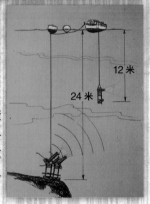

12 米

24 米

▲（上图）使用超声波、声呐和水中相机的波士顿应用科学院的调查员们。（下图）持续 35 年调查尼斯湖水怪的罗伯特·兰兹博士。

约 12 米，颈部及尾巴各长 3 米；身体两侧有鳍，鳍长大约 6 米，背上还有两个隆起的瘤状物；头部比身体小。有不少人说看到尼斯湖水怪头部有一对类似角的突起物。

尼斯湖水怪到底是何方神圣呢？

为了解开这个谜题，美国波士顿应用科学院的罗伯特·兰兹博士率领团队，远从美国来到英国尼斯湖进行大规模水中探测，以先进的超声波、声呐和水中摄像用的闪光灯相机来进行调查。

1972 年 8 月 7 日，调查小组将水中摄像器材投入尼斯湖，声呐立刻探测到巨大物体的身影。过了几天，从洗出来的 2000 张照片中，他们发现了声呐探测出的巨大物体的一部分。

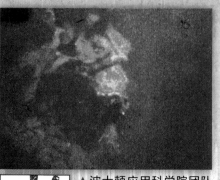

▲波士顿应用科学院团队于1975年拍到疑似尼斯湖水怪头部的照片。左图为该照片的想象图。

▲2002年，约翰森夫妇用摄像机拍下的连续影像。图中可见，潜入水中的生物瞬间蹿出蛇一般的细长脖子。

▶2000年，用水中相机在湖底拍到了疑似尼斯湖水怪生物的头部。

又过了一段时间，美国国家航空航天局（NASA）专门研究团队分析照片后，确定他们拍摄到了一对约50厘米长的菱形鳍状物。

1975年，他们继续到尼斯湖进行调查，这次拍到了全身影像。这个影像有着疑似长角的头部，脖子长约2.4米，体长约3.5米。可以确认，果然有一种大型的未知生物潜藏在尼斯湖底。

近年来，许多人都在尼斯湖底装设网络摄影机，在厄克特城堡附近实时监控，寻找尼斯湖水怪的踪影。

尽管新颖的探测方法陆续出现，但还是无法确认尼斯湖水怪的真实身份。从尼斯湖水怪的外观来说，最可信的说法是，它是侏罗纪（约

▲ 2003 年 7 月，于尼斯湖畔发掘了蛇颈龙的脊椎化石。此化石可证明该地曾是蛇颈龙的栖息地。

▲ 根据 1975 年波士顿应用科学院团队拍到的菱形鳍状物创作的尼斯湖水怪想象图。

▲ 根据美国生物学家罗伊·迈克的"大型两栖类学说"绘制的尼斯湖水怪想象图。该学说推测，尼斯湖水怪可能是 3 亿年前的石炭蜥类生物。

▲ 2010 年，拍摄到的尼斯湖水怪。

2.05 亿—1.35 亿年前）到白垩纪（1.35 亿—6500 万年前）之间出现的海栖爬行动物蛇颈龙的后代。其他还有大型两栖生物、突变的巨大蚯蚓或新种水栖哺乳类动物等说法。

　　但尼斯湖是约 1 万年前形成、相对比较新的湖泊，这样的推测有点儿矛盾。尼斯湖曾经与海洋相连，因此，有人认为，尼斯湖水怪说不定是误入尼斯湖的古代生物，直接霸占了尼斯湖，持续繁殖后代至今。

　　如果尼斯湖水怪真实存在，那么到底哪个说法才是正确的？一旦人们解开了这个谜题，就肯定会成为轰动世界的大新闻。

三大 UMA 目击档案 ②

袭击人类的大脚怪

大脚怪栖息在北美洲。1982年，一名男子目击了这个充满谜团的兽人型未知生物，它甚至想袭击该名男子。大脚怪究竟是人类的敌人还是朋友？

▲ 1995年7月，在美国华盛顿州斯诺夸尔米国家公园拍摄到的大脚怪。

◀此为左图足迹标本上的指纹。由此可见，这是某种灵长类动物留下的足迹，并非假造的足迹模型。

▲沃拉沃拉事件的当事人弗里曼，他手里拿的是大脚怪足迹的石膏标本。

▲沃拉沃拉事件12年后，弗里曼成功拍摄到了大脚怪。

和大脚怪近距离互瞪

1982年6月10日，在横越美国华盛顿州与俄勒冈州的布鲁山脉，发生了一起大脚怪目击事件。该事件的主角是保罗·弗里曼，他是华盛顿州沃拉沃拉县的森林警察。那天，弗里曼正在森林里追赶麋鹿，看见林中道路旁的斜坡上有一道身影一闪而过。他定睛一看，竟是一只身长超过2米的巨大怪物，正用两脚站立行走。这只怪物全身长满咖啡色体毛，顺着斜坡正往弗里曼的方向走过来。

"有大脚怪！它正往我这边过来啊！"

这个瞬间出现在弗里曼眼前的大脚怪慢慢地朝他逼近，伴随着"咚！咚！"的沉重的脚步声。大脚怪走到距离弗里曼约40米

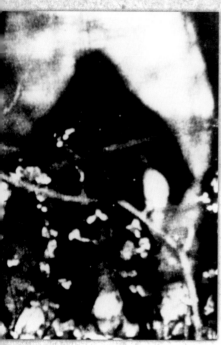

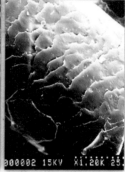

▲用电子显微镜分析大脚怪的体毛，发现其结构和人类体毛（图右）不同。

◀曾遭大脚怪软禁的加拿大矿工艾伯特·欧斯曼。他的自白在事件发生30年后才公之于世。

▲ 1966 年，在美国俄亥俄州拉夫兰镇出现的大脚怪身影。

处，好像发现了弗里曼而停下脚步。他们四目相交了几秒钟，对紧张的弗里曼来说仿佛过了很久很久。弗里曼后来说："我和那怪兽相望时，看到它头上的毛竖了起来。"

通常动物的体毛直竖代表它正处于防卫状态或展现敌意，弗里曼马上觉得自己即将遇袭。

但不知为何，随后大脚怪便转身离开，不知去向了。弗里曼见状，大大地松了一口气，同时发现自己早已冒出一身冷汗。两个小时后，森林警备队组成搜索小组寻找大脚怪的踪影，最后在森林中发现了21个长38厘米的巨大足迹。

▲ 2006 年，在美国纽约州克拉伦斯镇拍到的大脚怪。照片中的大脚怪似乎对小卡车很感兴趣。

▶ 2006 年，美国俄克拉何马州居民在森林里以自动侦测式相机拍摄到的兽人。

▲栖息地和大脚怪出没场所重叠的北美灰熊。

层出不穷的目击事件
SECRET FILE

　　这起目击事件被世人称为"沃拉沃拉事件"，成为目击大脚怪事件中最有名的故事。

　　用两脚直立行走的大脚怪原本是北美原住民之间代代相传的古老传说，第一次发现它的行踪是在1810年。在俄勒冈州的哥伦比亚河边，也有人曾发现长约42厘米的巨大脚印。

　　虽然之后不断传出大脚怪的目击报告，但都比不上沃拉沃拉事件——该事件中，目击者距离大脚怪极近，同时获得了许多重要的关键物证。

　　大脚怪到底是什么样的怪物呢？

真实度 ★★★★★

出没地点：美国、加拿大　发现时间：1810年　身长：2.5—3米

Bigfoot

北美洲大脚怪→

▼1967年，帕德森和吉姆林于加州溪谷拍摄到的大脚怪。

UMA
FILE:
002

体毛丛生的巨大兽人

　　大脚怪是世界有名的未知生物，很多人曾在美国及加拿大西部的落基山脉附近发现它的踪迹。在加拿大，它被称为大脚野人（Sasquatch）。

　　大脚怪，顾名思义，是拥有一双大脚的怪物。资料显示，它的足迹有35—40厘米长，身高2.5—3米，体重估计有两三百千克；手臂长，体格魁梧，除了脸、手掌和脚掌，全身覆盖体毛，体毛长5—10厘米；鼻子很扁，额头狭窄，向后转时头顶的毛发显得较为突出。

　　大脚怪性格温和，似乎是杂食动物。虽然大多数时候只能看到一只大脚怪出没，但有时雄兽和雌兽会成对出现，或是成

当年的录像经计算机高科技处理后，鲜明地展现了大脚怪的面貌。

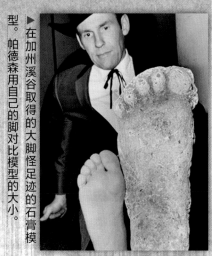

在加州溪谷取得的大脚怪足迹的石膏模型。帕德森用自己的脚对比模型的大小。

录像中大脚怪的脚掌不太像生物的脚掌，让很多人怀疑其真实性。

▲此为录像的整体画面。画面中的摄影场所约有 100 米宽。

年大脚怪带着幼兽活动。

世界上有很多大脚怪的目击案例和照片，最清晰的是1967年拍摄到的"走动中的大脚怪"录像。这段录像是罗杰·帕德森和鲍伯·吉姆林在加州的溪谷中拍摄的。

1967年10月10日，帕德森和吉姆林在一个月前听闻加拿大人类学家发现了兽人的足迹，于是骑马前往加州溪谷，设置好16毫米摄影机，准备拍下相关证据。

当天下午3点30分，大脚怪真的出现在了他们眼前。只见大脚怪一边打量着摄影机，一边缓缓地走进森林。

这段录像公开后，在全球造成了极大的骚动。但很多人提出质疑，

▲ 2010 年，于美国缅因州首次拍摄到在树上的大脚怪身影。

▲ 1937 年，于美国华盛顿州斯波坎山上拍摄到的大脚怪。照片中大脚怪正准备走下山坡。

▲ 2012 年 8 月，一名少女于加拿大安大略省的瓦那米湖畔拍摄到一只大脚怪幼兽。据说附近发现了不到 30 厘米长的足迹。

认为影片中的大脚怪只是人类穿上布偶装走过去而已。

例如，史密森尼博物馆的人类学家们表示，新种人猿没有浓密的胸毛，因此，录像里的生物应该是穿着布偶装的人类，这完全是欺骗世人的伪造录像。

不过，苏联的莫斯科科学研究所分析后认为影片中的大脚怪是真的。他们通过研究该生物的走路方式，发现其肌肉活动和解剖学特征与人类相差甚远。

到目前为止，这段录像仍无法确定真伪。2004 年，一个名叫鲍勃·希罗尼姆斯的人宣称："当年的大脚怪是我穿布偶装扮演的。"但

▲ 2009 年，在美国明尼苏达州用自动侦测式相机拍到的神秘兽人身影。

◀ 2005 年，在美国华盛顿州的森林里发现的大脚怪。

▲ 2005 年，有人在美国华盛顿州的银星山上看到大脚怪出没。

▲美国的未知生物研究专家罗连·高曼手持巨猿的 1∶1 头骨模型。

是，关键的布偶装在哪里，希罗尼姆斯难以交代清楚。在 2010 年的美国电视节目中，有人穿上布偶装，想试验是否能呈现出录像中大脚怪的样子，结果证实无法以布偶装完整地重现录像中的肌肉活动方式。

大脚怪的真实面目到底是什么？美国的未知生物研究专家罗连·高曼认为，大脚怪可能是约 30 万年前已经绝种的灵长类巨猿的后代。但巨猿化石大多分布在亚洲地区，而且巨猿像大猩猩一样，是以四肢伏地行动的，因此，这种说法仍有待考证。

目前，美国和俄罗斯的学者仍在对大脚怪以及兽人进行研究，相信在不久的将来，我们就能一窥其庐山真面目了。

三大 UMA 目击档案 ③

雪地上的黑影是雪人吗？

▼1951年，英国登山家艾利克·希普顿拍到的脚印，足足有45厘米长。用登山杖和脚印相比，更能感受到其巨大。

在印度和尼泊尔之间的喜马拉雅山一带，登山者经常听到「不见踪迹的声音」或看见「黑影」。这些现象正是在日本被称作「雪男」的「雪人」的杰作。1986年，在威德里身上发生了颇具冲击力的雪人目击事件。

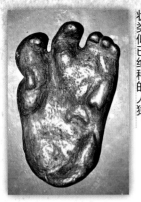

▲此图为左页足迹的立体模型，形状类似已绝种的人猿。

▶在冰河上发现雪人足迹的艾利克·希普顿。

▲1954年，法国报纸刊登的关于雪人的报道。以这张图片为开端，"雪人是未知生物"的印象就此产生。

登山客拍到黑毛雪人的照片

　　"雪人"历史悠久，可追溯到中国西藏的古老神话。欧洲到了1889年才开始正视雪人的存在，当时英国的陆军中尉L.奥斯汀·沃德在雪地上发现了奇怪的足迹。

　　到了1951年，英国登山家艾利克·希普顿发表了他在海拔6000米的山上拍摄到的"未知生物的巨大足迹"，全世界才开始关注雪人的消息。之后，许多想寻找雪人的探险家陆续前往喜马拉雅山进行搜索。

　　1986年3月6日，到喜马拉雅山旅行的登山家安索尼·威德里朝着当天的目的地前进。

　　在途中，他发现了奇怪的大脚印，之后在不远处出现一条雪

▲安索尼·威德里目击雪人前发现的神秘脚印。

▲史上第一张雪人照片是安索尼·威德里所拍。照片中的雪人并没有任何登山装备。

◀安索尼·威德里拍的雪人照片引起了诸多争论。

喜马拉雅山有兽人出没

崩造成的死路。为了查看雪崩后的雪地是否结构稳固，威德里又往前走了几百米。

就在前方约150米处，他看到了一个矗立在雪地上的黑影。黑影看起来有180厘米高，体态和姿势与人类很像，有着方形大头，全身长满了黑色体毛。

"是雪人！那肯定是传说中的雪人！"

在浑然忘我的状态下，威德里不自觉地按下了快门。

威德里的喜马拉雅山有神秘兽人出没的照片公布后震惊了全世界，在世界各地引起了极大的讨论声浪，大家都想知道这张照片到底是真还是假。

20

▲喜马拉雅山上的神秘足迹。这到底是在雪中融化的山羊足迹，还是雪人留下来的脚印？真相不得而知。

▼1942 年，从苏联的西伯利亚集中营逃出的五名波兰战俘曾目击两个雪人（此为示意图）。

▶此为知名的意大利登山家莱因霍尔德·梅斯纳尔，他表示 1986 年曾在喜马拉雅山上看到过雪人。

　　其中，原本不相信雪人存在的英国灵长类动物研究学者罗伯特·D.麦契在照片公布后，竟然相信这个摄影记录的真实性，并表示："照片中的生物是媒体从未报道过的大型灵长类动物，在喜马拉雅山脉或许真的有该生物存在。"

　　但也有人认为，照片中的黑影是雪堆之间露出来的岩石，只是拍的角度刚好看起来很像人影罢了。可见，围绕未知生物的争议，光看照片的确是无法解决的。

　　当然，不是只有这张照片可以证明雪人的存在，在下一页的介绍中，可以看到更多相关物证以及目击者。

喜马拉雅山雪人

Yeti

UMA
FILE:
003

▲ 1998 年拍摄的雪人。影像中正在爬喜马拉雅山的黑影究竟是什么？

雪人的头皮

　　喜马拉雅山雪人和北美洲大脚怪并列为世界著名的未知生物。喜马拉雅山雪人的英文为"Yeti"，在尼泊尔北部方言中有"岩地上的动物"之意。

　　由于喜马拉雅山地处偏僻，加上长时间被白雪覆盖，雪人的目击者和摄影记录比大脚怪少得多。综合目击者的形容和摄影记录，雪人可以分为大、中、小三种，身长分别为4.5米、2.5米、1.5米。雪人的性格温和，属肉食性动物，全身包覆着毛发，以双脚站立行走。被目击的雪人大多为中型，主要在海拔4000—7600米处出没，并留下足迹。

　　雪人不只在雪中留下足迹，还留下了其他许多物证，比如

SECRET
REPORT

22

► 此为喜马拉雅山的野鹿。据说雪人的毛其实是野鹿的体毛，但野鹿和雪人的外观大相径庭。

▲ 拿着雪人头皮的埃德蒙·希拉里。在一旁的是当地向导丹增·诺尔盖。

▲ 1954 年，英国《每日邮报》组织的探险队。

◄ 1998 年，美国登山家雷格·卡罗尼加画的自己看到的野人。由此可知，雪人有高耸的头。

头皮。这是 1954 年英国《每日邮报》组织的探险队展开调查后引起的话题。

《每日邮报》探险队经过调查，发现雪人的头皮共有二张，分别由喜马拉雅山的三座寺庙供奉，每张头皮均呈圆锥状。

最早登顶珠穆朗玛峰（又称圣母峰）的知名新西兰登山家埃德蒙·希拉里在 1960 年带着一张雪人头皮归来。

之后，根据学者的分析，这张雪人头皮其实是喜马拉雅山的野鹿毛皮。因此，雪人头皮是个骗局的说法开始甚嚣尘上。与此同时，日本有新的议论出现了。

1959 年，日本东京大学医学院组织的雪人探险队在另一座寺庙取

▲喜马拉雅山的寺庙供奉的雪人手骨，其形状接近人类。

▲《每日邮报》探险队从喜马拉雅山的寺庙带回的雪人头皮。

▶ 2003 年 8 月，俄罗斯生物学者塞尔盖·塞谬诺夫在阿尔泰山发现的脚骨，他认为这可能是雪人的遗骨。

得了雪人头皮。他们分析后表示："其成分显示是灵长类的体毛，因此，这可能是某种接近人猿或人类的生物的毛皮。"

到底哪种说法才是真的？即使是现在，关于雪人头皮的谜团依然没有被解开。

关于雪人的真实身份有各种推论，其中可能性最大的是"远古巨猿幸存论"。远古巨猿灭绝前的栖息地在中国南部一带，该地和雪人出现地带相连接，因此可能性很大。

另外，日本的登山家以及雪人研究学者根深诚先生于2003年发表了"西藏棕熊误认论"。他提出，西藏棕熊浑身是毛，能以双脚直立步

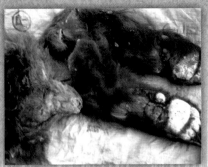

▲ 1997年，根深诚先生拍下的西藏棕熊标本，并于2003年公开发表。

▲牛津大学的布莱恩·赛克斯教授分析了雪人的DNA。

▲ 2008年9月，日本东京大学医学院雪人探险队在尼泊尔道拉吉里峰海拔4400米处发现疑似雪人的足迹。

行，有可能被误认为雪人。

后来，雪人的研究又出现了令全世界震惊的新闻。

2013年10月，英国牛津大学的布莱恩·赛克斯教授以自己擅长的遗传学知识检验从喜马拉雅山带回的雪人体毛，竟发现其和古代北极熊的基因相符。

换句话说，雪人很可能不是所谓的"兽人"。

这让雪人是某种未知生物的可能性更大了，而且许多经验丰富的职业登山好手确实目击过雪人。或许还有其他人们不知道的神秘生物正栖息在被大雪笼罩的喜马拉雅山中呢！

关于神秘动物学

What's Cryptozoology?

霍伊维尔曼和山德森

喜马拉雅山雪人、北美洲大脚怪、英国尼斯湖水怪，以及其他形似早已绝种的翼龙或恐龙的怪物，真的是残存至今的古代生物吗？或者是人们看走了眼，又或者它们是来自外太空的生物……

未知生物的存在几乎没有具体的证据，其中还有许多信息是谣传的，也就是说，这些传闻中有很多并没有科学依据。因此，和普通的动物学、人类学相比，神秘动物学是较难被视为专门研究的学问。

UMA 在日本称为未知生物，在其他国家则通称为隐栖动物（Hidden Animal）。虽然未知生物的研究长年不被科学界正视，但是法国的动物学家伯纳德·霍伊维尔曼为了专门研究它们而确立了一门"神秘动物学"（Cryptozoology）。霍伊

▶ 伯纳德·霍伊维尔曼（1916—2001），出生于比利时的法国未知生物学者。1982 年，他就任国际神秘动物学会第一任会长。

维尔曼博士原本是一名研究非洲土豚的学者，1948年阅读了杂志上的某篇文章后，他的人生出现了重大的转折。

这篇文章表示："非洲大陆或许有恐龙幸存！"恐龙是6600万年前就该绝种的动物，照理说不会活在现代世界。但是，有什么证据能证明恐龙的幸存"没有半点儿可能性"呢？

这篇充满挑衅意味的文章出自英国人伊万·山德森之手，他是科学杂志的记者。

山德森在剑桥大学主修民族学和植物学，他时常亲自前往丛林进行关于未知生物的研究。当时的非洲对欧美诸国而言，是一块充满谜团且非常值得冒险的未知大陆。霍伊维尔曼受到山德森文章的启发，开始将研究未知生物视为他毕生的志愿。

重现于现代的活化石

霍伊维尔曼认为，神秘动物学是"以目击证言和案例证据解析隐栖动物"的学问。

这门学问不只要运用动物学，也必须结合人类学、生物学、地理学、民族学的知识才能进行相关研究。当然，隐栖动物一旦被证实存在于世，就不再是未知生物，而是被认可的真正的生物。

那么，有未知生物被证实存在于世上的例子吗？

答案是，有的。霍伊维尔曼搞不好还会告诉你："多得数不清。"

例如：

1900 年，人们在刚果河流域的丛林中找到了长颈鹿的祖先"㺢"。

1938 年，曾被公认和恐龙一样已经绝种的腔棘鱼在印度洋被发现。

2003 年，人们终于在研究中发现，挪威海怪其实是一种巨乌贼。

像腔棘鱼这种和古代化石的外观几乎一样的现存生物，我们称之为活化石。活化石在被证实存在以前，确实只有目击证词，缺乏真实的物证。

未知生物学者就这样勤奋地调查着未知生物的踪迹。不管是早已绝种的恐龙还是原始人，甚至是妖怪、外星生物，只要有确切的目击者和目击地点，他们就会用科学方法不断地抽丝剥茧，直到求得正确的答案为止。

▶ 1938 年，于非洲东岸的印度洋发现的腔棘鱼。

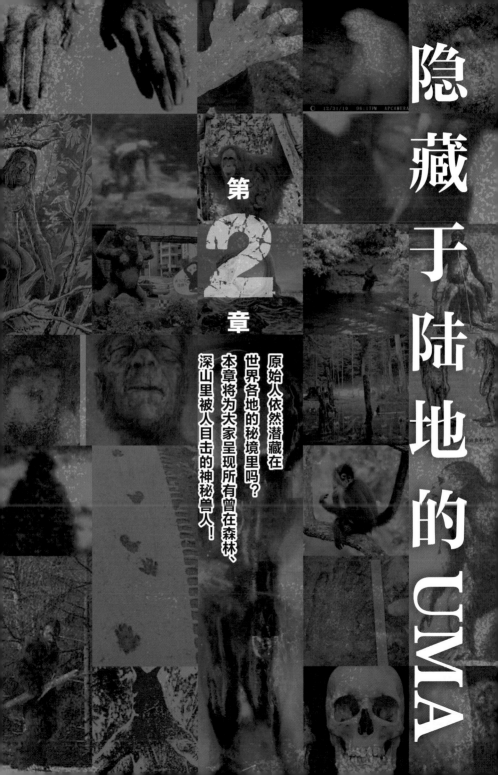

隐藏于陆地的UMA

第 2 章

原始人依然潜藏在
世界各地的秘境里吗？
本章将为大家呈现所有曾在森林、
深山里被人目击的神秘兽人！

明尼苏达冰人

出没地点：**越南**　发现时间：**1967年**　身长：**1.4米**

UMA
FILE:
004

被冰封的越南兽人

　　1967年，明尼苏达冰人被发现，隔年开始在美国和加拿大地区举办展览，因而闻名。

　　明尼苏达冰人是一个被冰封的兽人，四肢很长，全身布满毛发，腹部看起来如酒桶般臃肿。

　　发现冰人并举办展览的人叫法兰克·汉森。根据他的证言，冰人的尸体被冰封在白令海峡（位于阿拉斯加与西伯利亚之间的海域）重约260千克的冰块里，是被渔船发现的。

　　为了调查该生物的来历，山德森和霍伊维尔曼前往明尼苏达州的威诺那城拜访汉森。

▼公开展览明尼苏达冰人的法兰克·汉森。展览时，冰人身上的冰块从未融化。

▲明尼苏达冰人的示意图。

◀在冰柜中的明尼苏达冰人。

▶冰人的脚掌，看得出上头没有体毛。

　　检查完冰人的遗体后，这两位未知生物研究领域的权威认为，明尼苏达冰人是真正的未知生物，是一种比人猿更接近人类的人种。

　　他们在调查过程中发现了一个惊人的事实，那就是明尼苏达冰人身上有遭到枪击的伤痕。

　　这件事引起了美国联邦调查局（FBI）的关注，于是，威诺那城的警长按照联邦调查局的指示前往汉森的住处询问。

　　警长问汉森："这具尸体是真的还是假的？冰人是被枪杀身亡的吗？"

　　面对警长的质问，汉森回答："其实冰人只是道具模型，是为了开

▶明尼苏达冰人的全身照片，左臂
向上举起。

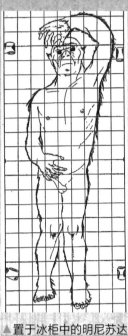

▲明尼苏达冰人的脸部照片。由于
冰块的阻隔，无法看清楚其长相。

▲置于冰柜中的明尼苏达
冰人示意图。

展览而特地制作的。"

　　之后，汉森将冰人打包放进货车，从威诺那城逃走了。

　　一个月后，汉森在自己的住处召开记者会，坦承自己用模型制作假
冰人来举办展览，但他之所以这么做，是因为不想伤害真正的冰人遗体。

　　汉森说："放在家中供人观览的冰人才是真正的遗体。"

　　那么，真正的冰人遗体到哪里去了呢？

　　汉森说，真正的冰人是他跟某位知名人士借的，而他老早就还给那
位知名人士了。但他绝口不提那位知名人士的身份。因此，冰人遗体的
下落到现在还是一个谜题。

▲进行调查时的山德森（右）和霍伊维尔曼（左）。

豆知识 MEMO

尼安德特人大约于20万年前出现在地球上，于2.8万年前绝迹，是一种和现代人类（智人）极为相近的人种。主要栖息地分布在欧洲和亚洲。

▲根据霍伊维尔曼博士的描述描绘的明尼苏达冰人想象图。

后来，调查后得知，冰人并不是在白令海峡被发现的，而是在越南被美军射杀的某种兽人。

越战期间（1955—1975），美军士兵将这个兽人射杀后交给当时正在服役的汉森，然后汉森将这具兽人遗体带回了美国。

那么，冰人的遗体真的在汉森手上吗？

霍伊维尔曼得知冰人来自越南的消息后表示："传说至今仍躲藏在越南乡下、当地人称为'森林野人'的兽人就是明尼苏达冰人，它很可能是尚未灭绝的尼安德特人。"

不管如何，冰人遗体的下落至今成谜，真相陷入一团迷雾。

臭鼬猿

真实度 ★★★☆☆

出没地点： 美国 发现时间： 1942年 身长： 2米

U.M.A
FILE:
005

▲ 2000 年，于迈阿卡河州立公园拍摄到的臭鼬猿。

散发浓重体臭的巨猿

　　臭鼬猿是栖息于美国佛罗里达州附近的兽人。它的特征正如其名，会散发出臭鼬般的恶臭。

　　臭鼬猿的身躯庞大，体重推测有150千克，能以两脚直立行走，身上长满体毛，外观跟红猩猩很像。

　　1942年就有了初次目击臭鼬猿的记录，但直到2000年才有人近距离拍摄到其身影。

　　该照片是在迈阿卡河州立公园拍摄到的，因此，照片上的兽人被称为"迈阿卡臭鼬猿"。

SECRET REPORT

▶ 2001年，朱蒂·凯斯利在佛罗里达州大柏树森林保护区拍摄到的臭鼬猿，其左手看起来像是戴了手套。

▲ 1997年，大卫·西里于佛罗里达州拍摄到的臭鼬猿。它以两脚直立，正在行走。

▲ 大卫·西里采集到的臭鼬猿脚印的模型。

豆知识 MEMO

！　臭鼬发现敌人靠近时，会从臀部的腺体发射出充满恶臭的分泌物。据说臭鼬猿一旦察觉到人类的存在，就会试图以异臭来驱赶威胁者。

　　该照片的真实性不断遭到质疑，因此在未知生物的研究学者之间引起了极大的关注。

　　随着2000年的照片公开，臭鼬猿的目击报告和相关照片如雨后春笋般冒出，甚至传出了臭鼬猿会攻击人、猫、狗等的目击证词。

　　虽然臭鼬猿的真实身份尚未明朗，不过有不少人推测，它其实是从动物园逃出来的红猩猩，或是某种可以用双脚行走的新品种猴子。

　　不管大家的推论如何，大多数目击者都一致形容臭鼬猿的特征是身体会散发出浓重的恶臭。

神农架野人

真实度 ★★★★★

出没地点： 中国

发现时间： 1940年

身长： 1.8—2米

1957年，因袭击当地居民而遭扑杀的野人的双手。由1980年野人考察队发表。

UMA
FILE:
006

▶神农架野人示意图，特征为发长及腰，以双脚行走。

中国深山里的神秘灵长类

　　1970年，中国湖北省神农架的深山中不断传出兽人在当地出没的目击报告，当地居民称其为"野人"。

　　野人身长近2米，全身长满毛，用两只脚站立行走。光是留存下来的目击记录就已经超过了250条。

　　目击记录实在太多了，终于引起了中国政府的关注。

　　1976年5月，中国科学院的科学家、警备小组雇用当地居民，组成了百人的"鄂西北奇异动物考察队"，深入神农架原始林区探察野人的踪迹。

　　经过半年的调查，考察队虽然没有发现野人的行踪，但取

启示

▲野人出没于中国湖北省的神农架。

湖北省野人调查队为了捕捉野人，在1980年立起告示牌。

◀中国的金丝猴是孙悟空的创作原型。虽然金丝猴的栖息地也在湖北省，但其外形让人难以和野人产生联想。

▲2007年采集到的野人体毛（显微镜放大照），但无法判断野人是何种生物。

得了新的目击报告，而且采集到了50份以上野人的粪便、体毛和足迹等。分析后发现，该体毛来自一种介于人类和红猩猩之间的高级灵长类动物，而且这种生物的足迹比一般人的要大。

1980年，中国又组成了野人考察队，不过人数比前一次少了许多。

关于野人身份的推测，最合理的是，它们是从30万年前开始一直栖息于此地的巨猿演化而来的。

不过，1998年和1999年，中国官方、野生动物保护协会都发出声明称，神农架没有"野人"。

出设地点: 澳大利亚 发现时间: 1795年 身长: 1.5—3米

幽威

▲ 测量技师查尔斯·哈巴在 1912 年目击的幽威的示意图。

UMA
FILE:
007

**袭击校车的凶暴兽人是
幸存至今的人类活化石？**

1980年，有人在澳大利亚东南部的科夫斯港拍到了一张神秘的照片，照片的主角是幽威。自1795年幽威第一次被目击，至今已累积了3200份以上的目击报告，而这张照片首度证实了幽威是真实存在的兽人。

这张照片是克莱林·布勒瓦在自家庭院里拍摄到的。布勒瓦说："我那时在院子的草丛里看到一只浑身是毛的巨大怪物背对着我，它的上半身向前屈着，缓缓地走动。我认为看到的是幽威，便立刻拿出相机按下了快门。"

幽威的栖息地很广大，主要分布在澳大利亚东海岸，南

▲ 2006 年 6 月 24 日，于新南威尔士州拍到的幽威。当时幽威正靠在一棵树旁。

▲ 1980 年 8 月 3 日，克莱林·布勒瓦拍到的史上第一张幽威的照片。

澳大利亚

▲幽威的主要目击场所（深色标记处）。

迄新南威尔士州，北至昆士兰州。

　　大型的幽威身长可达 3 米，用两脚直立行走，全身覆满毛发。雄兽的体毛比雌兽浓密，体形也较大。由于头凹陷在两肩中间，行走时，上半身会往前倾。

　　虽然 1980 年后，幽威的目击报告有减少的趋势，不过，2006 年后又有开始增加的迹象。

　　在新南威尔士蓝山国家公园的露营区，有人曾用摄像机拍到幽威倚靠着树木站立；在位于澳大利亚东南方的维多利亚州，有人在山路上拍到幽威横越过正在行驶的汽车前方。

▲2006年9月，在维多利亚州拍到的小型幽威。

▲幽威出没时的示意图。也许幽威是近似于人类的高智慧动物。

▲2009年，幽威（箭头处）在新南威尔士州袭击当地的校车。

不过，这些都比不上2009年8月26日发生的惊悚事件。

当时有两辆载着高中生的校车行经新南威尔士州的皮利加山区，突然从林中蹿出一个幽威。由于事出突然，坐在车里的学生陷入一片恐慌。

第二辆校车的司机忍着恐惧，用手机拍下了幽威袭击第一辆校车的画面。所幸第一辆校车顺利逃离，幽威对着第二辆校车做出伸手抓车身的动作后才离去。

对于这次幽威袭击事件，澳大利亚知名的未知生物研究专家雷克斯·基罗表示："幽威有袭击家畜的凶暴性格，因此，人类如果碰到了

▲雷克斯·基罗手拿着幽威脚印的石膏模型。基罗是幽威研究专家。

▲1978 年，澳大利亚伯斯郊区曾发现巨大的袋鼠，但没有被错认为幽威。

▲1982 年，少年亚当·马利欧目击了将近 2 米高的幽威。

幽威，务必赶紧逃跑。"

1970 年，基罗曾在蓝山森林中发现幽威。当时他看到的是小型幽威，它约 1.5 米高，正一边发出高亢的叫声，一边逃走。

基罗认为，幽威应该是于新生代第四纪更新世（约 250 万年前—1.1 万年前）栖息于印度尼西亚爪哇岛上的原始巨猿，因为某些原因迁居澳大利亚，就这样演化成为人们口中的幽威。

也有学者认为，有人将袋鼠误认为幽威了，因为袋鼠也是用两只脚直立行走，全身长满了体毛。但在幽威的目击记录中，从未有人提及幽威像袋鼠一样有一对长长的耳朵。

蜜岛沼泽怪物

出没地点：美国 · 发现时间：1963年 · 身长：2米

此图由目击者查克 · 比冯德绘制。

▼ 2001年10月发现的蜜岛沼泽怪物的示意图，

UMA FILE: 008

沼泽地的异次元怪物

SECRET REPORT

　　在美国路易斯安那州的密西西比河口一带，有一片名为蜜岛沼泽（Honey Island Swamp）的湿地，有一个不可思议的未知生物栖息于此，人们称之为"蜜岛沼泽怪物"。

　　蜜岛沼泽怪物出现于沼泽附近宽广、未开发的森林里，能以两脚直立行走。

　　但这种怪物和大脚怪类的兽人不同，它没有体毛，躯体被黏滑的鳞片状物包覆着。它巨大的双眼闪烁着黄色光芒，还会散发出淤泥般的腐烂恶臭。

　　第一次目击记录是在1963年，哈蓝 · 佛德和朋友相约前往

▲在白天也是一片昏暗的蜜岛沼泽，似乎有奇异的生物族群在此繁衍。

▲1963年，对蜜岛沼泽怪物开枪的哈蓝·佛德。

▲哈蓝·佛德采集到的怪物足迹的模型。从模型可看出，怪物的脚趾共有四根，且左边的拇趾显得较短小。

第2章　隐藏于陆地的UMA

林中猎鹿，在森林里发现了四个发出恶臭的怪物。

　　佛德见状，马上开枪射击那四个有2米高的怪物。怪物立刻逃出他们的视线范围，只留下有四根脚趾的足迹。

　　1974年，佛德故地重游，又发现了相同的足迹。

　　1975年，住在蜜岛沼泽附近的一名妇人看到有怪物闯入自家庭院。妇人放声尖叫的同时，怪物已拔腿逃跑。

　　后来，在蜜岛沼泽附近目击怪物的传闻层出不穷。

　　怪物的真实身份究竟是什么呢？是兽人、半鱼人，还是从异次元来的不可思议的未知生物？

猪人

出没地点：**美国**　发现时间：**2009年**　身长：**不明**

Pigman

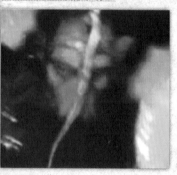

◀▼在佛蒙特州拍到的神秘猪人，两张照片都详情不明。

猪头人身的未知生物

　　美国佛蒙特州和印第安纳州的乡间，传闻有一种古怪的生物出没。当人们行驶在车辆稀少的车道上时，会突然被一种奇怪的人形生物死命追赶。

　　这个怪物虽然身体看起来像人类，脸部却是猪的模样，因此，人们将这种怪物称为"猪人"。

　　2009年末，有人在佛蒙特州的蒙彼利埃用摄像机初次拍到了猪人。

　　它弯曲着上半身的姿态，就像人类在田径比赛时准备起跑的模样。难道猪人是一种突变的兽人型UMA吗？

真实度 ★★★★★

诺比

出没地点：**美国**　发现时间：**1970 年**　身长：**1.8—3 米**

Nobby

UMA
FILE: 010

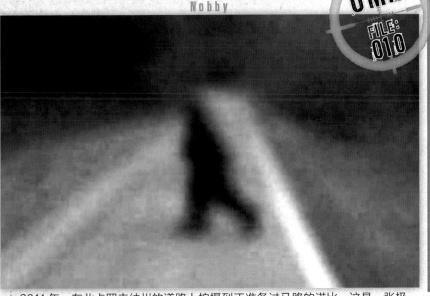

▲ 2011 年，在北卡罗来纳州的道路上拍摄到正准备过马路的诺比。这是一张极珍贵的照片。

头部像大猩猩的怪物

美国北卡罗来纳州的克里夫兰镇上，在 1970 年曾发现一种名叫"诺比"的神秘怪物。这个怪物推测超过 200 千克，全身布满体毛，头部的形状像猩猩般浑圆，前端则和鸡冠非常相似。

在那之后再也没有传出诺比的目击报告，直到 2009 年，又开始传出诺比出没的消息。克里夫兰镇的某名男子声称曾撞见诺比出没，并看到诺比的手有六根手指头。2011 年，同样是在北卡罗来纳州，有人目击诺比正在穿越马路。也许诺比是一种小型的大脚怪。

草人

真实度 ★★★★★

出没地点：美国　发现时间：1988年　身长：2—3米

UMA FILE: 011

▲ 2010年12月31日晚上6点17分，自动侦测式相机拍摄到的草人的身影。

懂得筑巢的奇异兽人

　　草人是一种拥有高度智慧、懂得利用野草和树枝筑巢的奇异兽人，其目击报告大多在美国的俄亥俄州。

　　草人的身长有2—3米，体重130千克以上，属于大型兽人的一种。它的双眼赤红，会发出尖锐的叫声。

　　从留下来的足迹可知，草人拥有三根脚趾，其模样呈钩爪状。

　　据说草人具有攻击性，曾有杀家犬和野鹿的传闻。

　　最初的目击事件发生在1988年，是亚托金斯父子发现的，地点在俄亥俄州的森林里。

　　察觉到父子两人的草人对他们投掷了石块，但亚托金斯父

▲1995 年，调查小组采集到的草人足迹的模型。右为乔德·库克，左为乔治·克莱彼森。

▲根据目击证言画出的草人示意图，其外形和大脚怪很像。

▶1995 年 2 月，在肯莫尔森林里发现的草人巢穴。

子并没有被草人的行为吓到。

　　他们慢慢地接近草人，直到距离草人约 30 米处，草人竟然在他们的眼前凭空消失了。

　　UMA 研究团队听了亚托金斯父子的证言后，便前往当地进行调查，结果在疑似草人出没地点的巢穴旁发现了有三根脚趾的巨大足迹。

　　从巢穴的样子来看，他们认为，草人应该有集体行动的习性。

　　更令人感到玩味的是，在草人出没的时间点，附近也会频繁地出现 UFO 的目击报告。因此，有人推测，草人可能是外星人带来的生物。

真实度 ★★★★★

福克镇怪物

出没地点：**美国** | 发现时间：**1940年** | 身长：**1.8—2.3米**

Fouke Monster

▲▶ 20世纪70年代，于雪地拍摄到的福克镇怪物。右图为放大的照片。

▲ 福克镇怪物的想象图。

有爪子的恶臭兽人

据说，在美国阿肯色州的福克镇沼泽地附近，有一种会散发恶臭的怪物，当地人称之为"福克镇怪物"。

福克镇怪物1940年被初次目击，1998年，目击报告突然暴增到40份之多。2005年，家庭主妇吉尔·佛德在家中的窗外看到了一个全身长满黑毛的怪物。怪物将带有爪子的手伸向窗户，吉尔的丈夫见状出门驱赶，却被这个怪物弄伤了手臂。福克镇怪物会袭击家畜，有人猜测它是一种类似大脚怪的兽人。多数目击证人都不认为它是被错认为怪物的熊。

真实度★★★★★

白色大脚怪

出没地点：**美国**　发现时间：**2010年**　身长：**不明**

White Bigfoot

UMA
FILE:
013

第2章

隐藏于陆地的 UMA

▶此影像是证明白色兽人存在的唯一证据，它的模样就像是一缕幽灵。

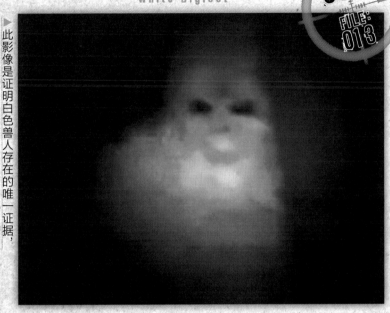

闪看白光的神秘兽人

　　2010年，某个影片网站突然发布了一段关于白色兽人的录像，网友纷纷将录像中的兽人称为"白色大脚怪"。拍下这段录像的人是一名住在美国宾夕法尼亚州的男子。

　　这名男子家的后院外是一片森林。

　　某天晚上，他突然听到后院传来"啧！啧！啧！"的奇怪的呼吸声。他走出去查探时，立刻闻到一股浓烈的异臭，随后发现一个闪着白光的兽人正站在后院中。男子在情急之下，立刻用手机拍下了这段录像。

49

比婆怪兽

真实度 ★★★★★

出没地点： 日本

发现时间： 1970年

身长： 1.5—1.6米

UMA
FILE:
014

▲ 1974 年 8 月 15 日，当地居民于庄原市的道路上拍摄到的比婆怪兽。

日本首次出现未知生物

　　1970年7月到9月之间，日本广岛县东部比婆郡（现为庄原市）的比婆山脉中，不断传出疑似类人猿生物出没的消息。因为是在比婆山发现的，这种生物便被取名为"比婆怪兽"，这也是第一次在日本境内发现未知生物。

　　比婆怪兽的身长约1.5米，虽然个头小，体重却有80—100千克。比婆怪兽的正面乍看之下颇像人猿，头形似人猿，但呈倒三角形，长有约5厘米长的咖啡色坚硬头发，体毛则是黑色的。据目击者描述，比婆怪兽体格健壮，脚似乎行动不便，左脚一跛一跛地走路。它拥有高度智慧，不过性格较胆小，不会攻击人类或破坏当地农作物。

▲根据目击者的描述画出的比婆怪兽示意图，头部呈倒三角形。

▲1972年，日本国道上的比婆怪兽雕像。这座雕像成了广岛县比婆郡西城町的地标。

▲比婆怪兽栖息的广岛县比婆山。

　　1970年9月，日本的新闻媒体大幅报道"比婆山目前有猿人出没"。后来，目击报告相继传出，当年就有12份，还发现了不少比婆怪兽的足迹。这个事件的发展令人意想不到，当地市政府已无法再视若无睹，就及时组织成立了"类猿人事件应变委员会"。同时，为了以防万一，市政府要求警察连日持续巡逻，也要求学校采取学生集体上下课的应变措施。市政府更是逆向操作，将比婆怪兽发展成了市内观光一景。

　　1971年至1973年间，多人目击比婆怪兽一到夏季就跑进城市。话题创造话题，加上新闻大肆报道，导致来自全国各地的观光客不断涌入此地，政府终于成立了搜查小组。

▲1970年，比婆郡划立了"县民之森"。之后，有人开始目击比婆怪兽。也许"县民之森"压缩了比婆怪兽的栖息地，它才会下山进入城市。

▶长约20厘米的比婆怪兽足迹，由此可推断，比婆怪兽是一种矮小的未知生物。

▲比婆山温泉展示的比婆怪兽油画，此为根据目击者描述画出的想象图。

　　1974年8月15日，一个住在比婆郡的居民自称拍到了比婆怪兽的身影。但许多专家认为那张照片的真实性值得怀疑，由此产生了诸多争论。后来，就连目击过比婆怪兽的人也说："真正的比婆怪兽比这张照片里的模样还要可怕。"

　　各界争论不休，最后，人们归纳出一个结论："那张照片里的只是熊或猴子罢了。"

　　遗憾的是，在1982年的目击报告后，关于比婆怪兽的目击消息突然停止了。

　　虽说如此，"兽人的骚动"并没有就此平息，广岛县各地持续出现目击"和比婆怪兽相似的兽人"的报告。

▲右图为1980年10月20日目击的怪兽的示意图。左图为小学生目击的魁怪。

豆知识 MEMO

! 比婆怪兽是一种曾被多次目击的未知生物。虽然很多人推测比婆怪兽是从动物园逃出来的猴子或森林中的熊，但目击者对比婆怪兽特征的描述相当一致，因此，比婆怪兽一直无法跳脱未知生物的范畴。

▲比婆怪兽的足迹之一。广岛县警局调查后发现，比婆怪兽和人类一样用双脚直立行走，而且其脚掌中间有凹陷处。

　　例如，1980年10月，有人于广岛县福山市山野町目击了"山怪"；1982年5月，于广岛县御调郡久井町（现为三原市）附近发现了"魁怪"。当地居民虽然采集到了许多相关证据，却依然无法判断怪物的真实身份。

　　其实，在1974年9月到11月间，广岛县东部常常传来目击UFO的消息。因此，很多人认为比婆怪兽是外星人带来地球的生物。

　　也有人推测，比婆怪兽是走私到日本的外来种猿猴，在运送过程中逃进了比婆山。

　　虽然关于比婆怪兽有各种说法，但都没有决定性的证据。

俄罗斯雪人

真实度 ★★★★

出没地点：**俄罗斯等地**

发现时间：**1917年** 身长：**2米**

UMA
FILE:
015

▲1958年，根据俄罗斯冰河学者布朗宁的目击证词描绘出的示意图。

与人类生活、生子的雪人

俄罗斯雪人的目击地点主要在俄罗斯北部，其身长约2米，体重约200千克，属杂食性动物，全身布满体毛，以两脚直立行走，会趁夜潜入人类的居住地寻找食物。

由于喜马拉雅山雪人的存在，俄罗斯人也将当地发现的兽人称为雪人。此外，除了俄罗斯北部，在南部的高加索地区和邻近俄罗斯的国家，也有人目击相似的兽人。它们虽然被称为"阿尔马斯"或"阿尔马斯提"，但都属于俄罗斯雪人。

俄罗斯雪人留下记录的初次目击报告是在1917年，后来的目击记录累积到了数千条。不只如此，1917年以前，有关俄罗

▲根据目击者证词描绘出的兽人示意图。阿尔马斯睡觉时会采取奇怪的姿势。

▲专门研究兽人的俄罗斯学者多米特里·巴亚诺夫。

俄罗斯雪人札娜的示意图。

发现札娜之子头骨的兽人专家伊格尔·布鲁札夫。

斯雪人的传闻就很多，有些还是令人瞠目结舌的传闻。例如，俄罗斯的未知生物研究专家多米特里·巴亚诺夫率领的俄罗斯未知生物研究协会曾经搜集到一个关于俄罗斯雪人的传闻。据说，19世纪，曾有人捕获了一个被取名为"札娜"的雌性俄罗斯雪人。札娜不但跟人类一起生活，还生下了孩子。1974年，巴亚诺夫团队根据传闻，寻得札娜之子的墓地，并且从中取出了其头骨。

　　俄罗斯雪人是目前研究得最积极的未知生物。2011年10月，在俄罗斯克麦罗沃州举办了一场"兽人研究国际会议"，邀请了中国、美国等七国的未知生物专家与会，会议公布了许多兽人相关的照片

▲于克麦罗沃州的森林里发现的巢穴，当中有人为收集的树枝，推测是兽人搭建的。

▲2011年，调查小组发现安札斯洞窟可能是俄罗斯雪人的巢穴。调查小组在里头发现了许多不明生物的体毛，化验后发现，这些体毛来自某种未知的哺乳类动物。

▲洞窟内发现的未知生物足迹，或许该处正是巨大的兽人的栖息地。

和物证。

10月11日，他们在《莫斯科时报》上发布了一个令全世界震惊的新闻："雪人生存于世上的概率高达95%。"换句话说，专家们认为雪人是确实存在的生物。他们提出的物证包括雪人折断树枝并搭筑的巢穴、刻意在巢穴里留下的记号等。

此外，2012年10月29日，克麦罗沃州政府发表了雪人的基因鉴定报告，以此证明兽人确实存在于世上。此基因检体来自雪人疑似栖息过的洞窟。调查小组在该洞窟中发现了无数体毛，俄罗斯国立水文气象大学的生物学者瓦雷金·沙普诺夫鉴定后给出了相关结论：

▲俄罗斯具有代表性的兽人研究专家波里斯·波尔休涅夫（左）与巴亚诺夫（右）。

▲从人类学的角度调查俄罗斯雪人的珍·玛莉·柯夫曼。

▲此为阿拉斯加棕熊。难道俄罗斯雪人的真实身份是某种棕熊吗？

"本次采集的检体经过化验已确认不是人类的毛发，而是某种不知名的哺乳类动物的体毛，有百分之六七十的概率来自从以前到现在在克麦罗沃州持续被目击的雪人。"

沙普诺夫还表示，俄罗斯境内的雪人总数可能有200个左右。

虽然很多学者指摘沙普诺夫的结论，认为那些体毛也可能出自棕熊，但也有许多学者（比如巴亚诺夫等）相信，尼安德特人等生物并没有绝种。

此外，也有不少研究者认为，类似雪人的兽人很可能是于10万年前绝种的巨猿幸存的后代。

真实度★★★★★

丛林矮猿人

出没地点：印度尼西亚 发现时间：1917年 身长：0.8—1米

UMA FILE: 016

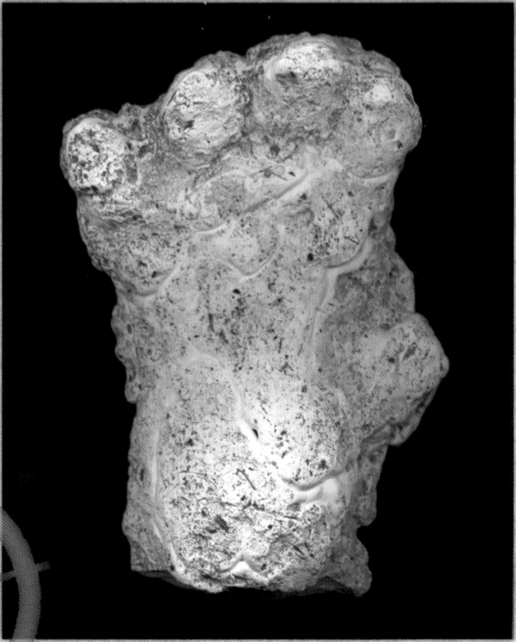

▲虽然从未有人拍下丛林矮猿人的照片，但2001年曾有人采集到其足迹。

全世界最接近人类的神秘兽人

印度尼西亚的苏门答腊岛上有一种身高不到1米的小型兽人，当地人称之为“身高矮的人”或“森林中的小矮人”，所以通常称其为“丛林矮猿人”。

丛林矮猿人有一头长到背部的乌黑长发，犹如鬃毛，和身上其他部位的棕色短毛形成强烈的对比。

丛林矮猿人的双臂很长，以两脚行走，吃草木的嫩芽、水果，也吃蛇或昆虫，是典型的杂食性兽人，偶尔会跑到人类的农田里滥采农作物。

丛林矮猿人的初次目击记录在1917年，目击者是刚好移居

SECRET REPORT

Orang Pendek

▲探索过丛林矮猿人的蒂宝拉·马提尔。目前她致力于印度尼西亚的动物保护运动。

◀▶根据目击者的描述画出的丛林矮猿人示意图，它们长发披肩，模样很像人类。

至苏门答腊的荷兰博物学者爱德华·亚克普森。后来，亚克普森在荷兰的科学期刊上发表了一篇文章，上面写道："我在苏门答腊岛上发现的那种生物（丛林矮猿人），肯定是尚未被了解的新品种猿人。"

1989年，由于英国的未知动物研究学者蒂宝拉·马提尔的研究活动，丛林矮猿人开始举世皆知，一跃成为世界瞩目的焦点。

蒂宝拉在苏门答腊的肯林山上展开调查，三个月后便发现了丛林矮猿人的足迹。

4年后，她终于在葛林芝火山的森林里发现了丛林矮猿人的身影。遗憾的是，当时她没有成功拍下照片。

此图为红猩猩。成年后的红猩猩几乎无法离开树木过活。

▲ 2001年，于调查活动中发现的丛林矮猿人足迹。

▲ 2001年，领导调查团队的亚当·戴维斯。

丛林矮猿人和其他灵长类动物的脚掌比较图。比较后可知，丛林矮猿人的脚掌和尼安德特人相近。

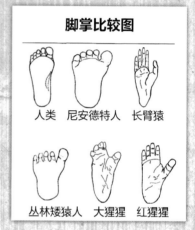

脚掌比较图

人类　尼安德特人　长臂猿

丛林矮猿人　大猩猩　红猩猩

　　随着蒂宝拉的发现，许多学者好像受到了刺激一般，开始积极调查丛林矮猿人。

　　2001年，由英国科学家组成的丛林矮猿人调查团队顺利地取得了丛林矮猿人的足迹和体毛。这则消息成为英国广播公司（BBC）的新闻，对外公开放送。

　　2003年，英国的未知生物研究学者理查德·弗里曼发现，丛林矮猿人喜爱食用迷你椒草的茎部。他还从中取得了丛林矮猿人的齿痕。

　　英国剑桥大学的灵长类学者彼得·吉巴斯分析过丛林矮猿人的足迹，他认为："这个生物（丛林矮猿人）混合了长臂猿、红猩猩和人类

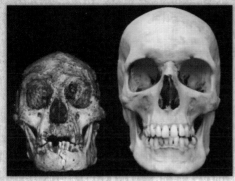

▲左为弗洛勒斯人的头骨，右为人类的头骨。弗洛勒斯人较娇小。

豆知识 MEMO

弗洛勒斯人属于原始人。虽然科学界认为弗洛勒斯人在至少五六万年前就灭绝了，但在丛林矮猿人的研究报告中，丛林矮猿人与弗洛勒斯人有许多相似的特征。

▲2003 年的调查发现丛林矮猿人爱吃迷你椒草。

的特征，不是目前已知的灵长类动物，而是某种生存在苏门答腊森林里的未知灵长类生物。"

另外，美国纽约大学的生物、人类学者托德·迪索研究过丛林矮猿人的体毛后发现，"丛林矮猿人的基因和人类的相同"。

接下来，惊人的发现持续着。

2003 年，有人在印度尼西亚弗洛勒斯岛的洞窟里发现了身长不到1 米的原始人化石，是在五六万年前绝种的原始人"弗洛勒斯人"。

因此，不少未知生物研究者仔细地回想了荷兰学者亚克普森的文章后，推测丛林矮猿人或许是幸存至今的弗洛勒斯人。

丛林巨猿

出没地点：**马来西亚**　发现时间：**2005年**　身长：**3米**

Orang Dalam

▼2006年2月21日发表的丛林巨猿足迹模型。手持模型的是『马来西业探索者』调查队队员比尔·葛兹。

马来西亚的丛林巨兽

　　丛林巨猿主要出没于马来西亚柔佛州的森林里，据说是一种体毛丛生、以两脚行走的兽人。

　　2005年，一名男子走在兴楼云冰国家公园里，忽然发现30米外有一个身长3米、恶臭扑鼻的巨大兽人。从此，当地接二连三地传出目击巨大兽人的消息。

　　2006年，调查队在当地发现了长约60厘米、宽约36厘米的左脚足迹。后来更有人看到某种生物带着奇怪的"吱吱"的呼吸声在马来西亚的森林里出没。

罗马尼亚兽人

出没地点：**罗马尼亚** 发现时间：**2008年** 身长：**不明**

Romania Wildman

▲兽人发现拍摄者，不但没有受到惊吓，反而悠然离去。

▲不知这个神秘的兽人有何动机，正在搬运细长的大树枝。

欧洲出现搬运木材的兽人

　　2008年，东欧的罗马尼亚山间出现了一个古怪的兽人。从照片上可知，当时地上还留有积雪，兽人正拖着细长的树枝经过摄像机前面。

　　这个长满咖啡色体毛的兽人和人类一样用双脚走路。可惜照片的拍摄日期和拍摄者的相关信息一直处于不明状态。

　　同年，罗马尼亚的摩尔达维亚地区传出疑似为同一个兽人的目击报告。欧洲几乎没有关于兽人的传闻，因此，目击同一种兽人的可能性相当大。

Monos

真实度★★★★★

莫洛斯

出没地点：委内瑞拉　发现时间：1920年　身长：1.6米

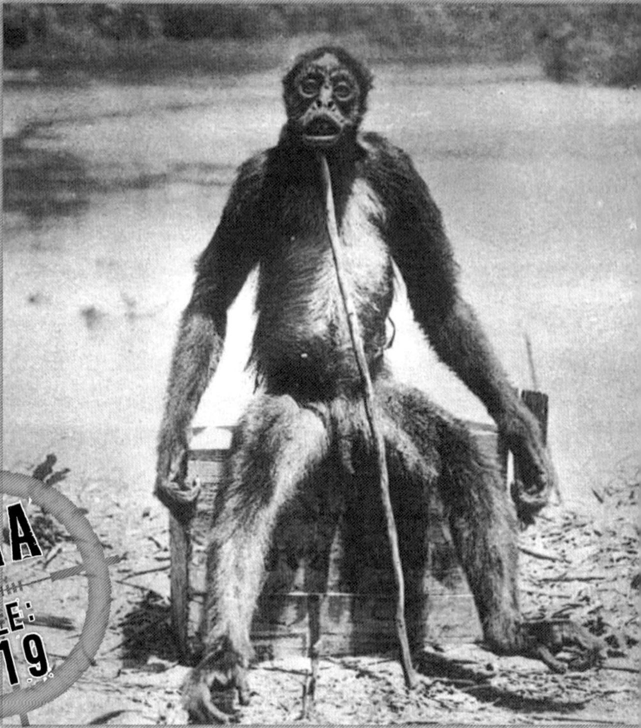

UMA FILE: 019

委内瑞拉发现怪猴

1920年，瑞士的地质学家弗兰索瓦·德洛瓦率领调查队前往南美洲委内瑞拉的东部探勘天然资源。因为当地树木丛生、传染病肆虐，他们又和原住民起了冲突，所以调查迟迟没有成果。

有一天，德洛瓦的调查队在丛林里发现了两只朝他们奔跑而来的生物，原来是用两脚行走的公猴和母猴。它们好像想要吓阻调查队，挥舞着手臂，向调查队扔掷粪便。被吓到的德洛瓦下令开枪，命中了雌猴，雄猴则逃进丛林深处。

德洛瓦拍下了如上图所示的怪猴尸体，此照片成为莫洛斯存在的唯一证据，留传至今。这个莫洛斯身长157厘米，为了拍

SECRET REPORT

◀栖息在中南美洲的蜘蛛猴，身长60厘米，有一条比躯干还长的尾巴。

豆知识 MEMO

! 南美洲哥伦比亚附近曾发现另一种名为莫洛斯（mono grande）的会袭击人类的神秘兽人。有人认为，德洛瓦发现的怪猴可能和哥伦比亚的莫洛斯是同一种兽人。

◀唯一能证明莫洛斯存在的照片。莫洛斯坐在汽油桶上，可以看出其庞大的身躯。

▲知名的地质学家弗兰索瓦·德洛瓦，可惜他在知晓莫洛斯的身份前便英年早逝了。

照，他们让尸体坐在汽油桶上，以树枝支撑其头部。拍完后，因为尸体会妨碍调查活动的进行，调查队只好将尸体弃置在丛林里。

1929年，法国的人类学者乔治·蒙塔多对德洛瓦拍的照片很感兴趣，将它取名为"安莫兰波伊德斯洛伊斯"（Ameranthropoides loysi），简称"莫洛斯"。

乔治·蒙塔多同时主张南美洲可能仍存有未知的猿人品种，在未知生物研究界引发了一阵话题。不过，莫洛斯的照片除了无法确认是否有尾巴外，细长的手臂和浓密的胸毛都与南美洲蜘蛛猴的特征完全相符。

莫洛斯是否是南美洲的蜘蛛猴呢？现在已经无从考证了。

真实度 ★★★★★

巴伊亚怪兽

出没地点：**巴西**　发现时间：**2007年**　身长：**不明**

Bahia Beast

UMA
FILE:
020

▲ 2007年，美国少女在巴西拍摄到的唯一的巴伊亚怪兽的照片。

美国少女拍到有角兽人

　　2007年，一名美国少女前往巴西观光。她到了巴伊亚州的河边，发现一个兽人在河旁走动。兽人浑身布满体毛，头上有一对犄角。少女用相机将此景拍摄下来。

　　虽然距离很远，照片无法对焦，但依稀能看见兽人正抱着某种物体。

　　有人觉得它正在捕食鱼类，有人认为它怀抱着幼兽。

　　由于拍摄地点在巴伊亚州，它被取名为"巴伊亚怪兽"。

　　除此之外，人们一直无从考证这个兽人有何特性。

66

婆罗洲兽人

出没地点：**马来西亚** 发现时间：**1950年** 身长：**3—7米**

B o r n e o   W i l d m a n

UMA

FILE: 021

▶根据目击报告画出来的婆罗洲兽人示意图。婆罗洲兽人能以两脚行走，性格温和，遇到村民时会一边发出『咯咯咯』的声音，一边逃跑。

▲2008年，在婆罗洲岛北部的村落里发现了神秘的足迹，并不是红猩猩留下的。

拥有大脚的婆罗洲巨兽

2008年，马来西亚加里曼丹岛（历史上称婆罗洲）北部村落的居民发现了惊人的大脚印。这个脚印长1.2米，宽40厘米，推测是一个身长有7米的巨大生物留下的。

当然，有人想过可能是恶作剧，但在50年前，当地发生过同样的事情，因此，村民大多相信这是真的。1983年，位于婆罗洲西边的帕罗山上，曾有人目击一个高约3米的兽人，它见到人类会发出"咯咯咯"的怪声。虽然难以调查其来历，但或许它偶尔会下山到村里留下大脚印。

沼泽怪物

出没地点：**美国** 发现时间：**2010年** 身长：**不明**

Swamp Monster

▶ 2010 年 11 月，由自动侦测式相机拍下的神秘人形生物。

▲ 调整照片的色彩和亮度后，可以发现此怪物和人类有明显区别。

沼泽地的未知生物

　　美国路易斯安那州的蒙根城有一片森林，2010年，在森林的沼泽里拍摄到了一个不明生物，人们称它为"沼泽怪物"。沼泽怪物以四肢伏地的姿态在地上行动，属于兽人型未知生物。从照片来看，其外形倒有几分幽灵的模样。

　　拍照的是一名准备到森林里狩猎野鹿的猎人，他在森林里装设了数码相机，可以自动侦测移动的物体，拍摄时猎人并不在现场。

　　隔天早晨，猎人到森林里拿回相机时，才发现相机被破坏了。但里面的记忆卡没有坏，还存下了这个怪物的照片。

真实度 ★★★★★

雅各布斯兽

出没地点：**美国**　发现时间：**2007年**　身长：**1.5米**

Jacob`s Creature

UMA

FILE: 023

▲雅各布斯兽以双脚行走的珍贵影像。在雅各布斯兽的其他照片中有棕熊幼兽入镜，因此，有人认为雅各布斯兽就是棕熊。不过，此照片让人觉得它是一个用双脚行走的兽人。

观察野鹿竟捕捉到未知生物

　　2007年，美国宾夕法尼亚州的阿利根尼国家公园内，有人以自动侦测式相机拍摄到了一个小型兽人。该相机原本用于观察野鹿的生态，却在无意间拍摄到了未知生物的活动。

　　许多调查研究机构认为，这个全身是毛的兽人是普通的灵长类动物。也有人说它是一只得了皮肤病的棕熊。

　　由于这个兽人的身高在150厘米以下，不少人认为它是一只体形较小的年轻大脚怪。用相机拍摄到此兽人的发现者名叫雅各布斯，因此，这个兽人后来被称为"雅各布斯兽"。至于这个神秘生物的来历，无从考证。

塔特拉山雪人

出没地点：**波兰** 发现时间：**1955年** 身长：**不明**

Yeti in Tatra Mountain

▲即使是在塔特拉山的岩地上，雪人看起来依然健步如飞。它一察觉到摄影者，便快速逃离了现场。

在山岩上行走的雪人

长期以来，东欧波兰的塔特拉山一直有雪人栖息于此的传闻。2009年，一名男子用摄影机拍下了正在塔特拉山岩地上行动的雪人。这名男子住在首都华沙，后来他将录像放到网络上供人观赏。虽然录像的画面模糊，但看得出兽人发觉摄影者后从岩地离去的样子。事实上，塔特拉山经常传出雪人出没的传闻，好像喜马拉雅山雪人现身欧洲一样。虽然无法确定塔特拉山雪人和喜马拉雅山雪人是否同种同源，但波兰居民目击塔特拉山雪人的记录确实明显增多了。也许环境、气候等因素让兽人的栖息领域逐渐往外扩张了。

森林野人

出没地点：**印度** 发现时间：**2009年** 身长：**2.4米**

Mande Burung

◀根据目击者证词描绘的森林野人示意图。

▲印度的阿企克观光协会长年追踪兽人的活动情况，在2007年发现了类似森林野人的大脚印。

印度森林中的野人

　　印度梅加拉亚邦境内的加罗丘陵，传闻有一种被当地人称为"森林野人"的兽人。Mande burung以当地的语言解释，就是"森林中的男人"。森林野人全身是毛，头顶尖锐，身高2.4米，足迹长37.5厘米，是一种体形庞大的兽人。

　　2007年，当地居民不断看到森林野人出没。根据目击者的描述，当地有一对大型森林野人和一对小型森林野人会如同家族一样同时出没。目前印度的专家们已成立调查小组，持续追踪森林野人的踪迹。究竟它的真实身份是不是喜马拉雅山的雪人，尚不得而知。

努哥伊南

出没地点：**柬埔寨**　发现时间：**1970年**　身长：**1.8米**

Nguoi rung

◀努哥伊南的想象图。或许努哥伊南和明尼苏达冰人是类似的兽人。

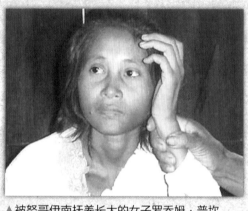

▲被努哥伊南抚养长大的女子罗乔姆·普坎。

抚养人类小女孩的兽人

　　事件发生在2007年，在柬埔寨东北部的腊塔纳基里省的村庄里，有大量农作物被类似猿猴的兽人破坏。"雄兽"当场逃逸，"雌兽"则被当地居民活捉。让居民惊讶不已的是，"雌兽"竟然是人类女性。经过调查发现，这名女子是19年前突然失踪的罗乔姆·普坎。当年的普坎只是一个八岁的小女孩，她究竟是如何在充满危险的丛林中生存下来的？这个问题的答案就在那个逃跑的雄兽身上。那个雄兽被当地人称为"努哥伊南"，能用两脚直立行走。普坎就是被努哥伊南抓走并抚养长大的。虽然普坎回到了人类的聚落，但最后还是在村人不注意的情况下再度失踪了。

大灰人

出没地点：**英国**　发现时间：**1890年**　身长：**不明**

Big grey man

▶本·麦克杜伊山上的布罗肯虹光。当然，这恐怕也不是大灰人的真正身份。

▲大灰人想象图。

豆知识 MEMO

!

　　布罗肯虹光是一种光学现象，虽然是山中特有的自然现象，却常被人误认为妖怪。布罗肯山是德国北部的最高峰，神奇的"布罗肯现象"因于此发现而得名。最初发现的登山队无法解释眼前的光环，以为是山中的幽灵，因此称之为"布罗肯幽灵"。事实上，只要在山顶上背对着阳光，当事人的身影就会形成像围了一圈彩虹的布罗肯虹光。

本·麦克杜伊山的巨人

　　1890年，登山家约翰·诺曼·柯里在英国北爱尔兰的本·麦克杜伊山登山时，听到从背后传来"喳咕、喳咕"的声音。他回头观望四方，并没有发现任何生物，然而那阵阵低鸣依然不绝于耳。他因此产生了强烈的恐惧感，决定立刻下山。他气喘吁吁地回到森林入口处，那个声音总算消失了。

　　据说那个声音的主人是本·麦克杜伊山的怪物，而且常常被路过的登山者目击身影。当地人都用北爱尔兰语称这个怪物为"法尔·里亚·抹尔"，意思是"大灰人"。这个能运用超能力瞬间消失的兽人究竟是何方神圣呢？

尼安德特人还活着吗？

Do Neanderthals Survive?

史前巨人传说

在未知动物学中，最多人研究的领域是兽人学。兽人学，顾名思义，是神秘动物学中专门研究大脚怪和雪人等的一门学问。比起其他未知生物，兽人的目击记录最多，且被发现的历史最悠久，因而往往被认为很可能是早已灭绝的"史前人类"或"原始人"的一种。所以，科学界非常关心兽人学的研究进展。

话说回来，也许有人会认为，既然兽人的目击记录如此多，那么在人类古老、漫长的史前历史里，应该也有人看到过兽人吧？事实上，古人确实有目击兽人的传说，那就是所谓的"巨人传说"！

例如，非洲北部阿杰尔的塔西利的史前壁画上记载着一个名为"火星之神"的

▶单手抱住狮子的美索不达米亚国王吉尔伽美什（本图出自罗浮宫美术馆）。

约 30 万年前火绝的巨猿。
许多未知生物专家都推测喜马
拉雅山雪人和中国神农架野人
是巨猿的后代。

6 米巨人；天主教和犹
太教的《旧约》中，有
一种混合了神与人的血
统、身高超过 3 米的"拿
非利人"；此外，距今大
约五千年的美索不达米
亚国王吉尔伽美什，据
说是一个身高超过 4 米、
能单手抱起狮子的巨人。

虽然我们无从理解这些记录，但从另一方面来思考，巨人族
或许是一个有别于人类、在人类以前支配过地球的人种，不是吗？

换句话说，我们可以推测，巨人族也许拥有被人类取而代之
的史前人类的血统。

尼安德特人还活着吗？

俄罗斯在苏联时期便致力于
兽人学的研究。1958 年，苏维
埃科学研究所设立了专门调查
兽人的"雪人研究委员会"。其
中最著名的成员是历史学家伯

里斯·波休诺夫。

1973年，未知动物研究学者多米特里·巴亚诺夫为了研究当时的动物学和人类学没有研究到的领域，首次将研究兽人的学问称为"兽人学"。他认为俄罗斯雪人和大脚怪可能是一种尚未被发现的猿人，同时可能是人类的近亲。

在兽人的真正身份的研究中，最让众多学者关心的是"尼安德特人存在论"。尼安德特人于20万年前出现在地球上，栖息地主要分布于欧洲和亚洲，并在28000多年前灭亡。然而现代的部分学者认为，尼安德特人或许还存活在俄罗斯的高地上。只是这个假说始终没有确切的科学证据可以证明。

放眼全世界的兽人出没地区，我们多少会产生"史前人类或远古巨猿仍存在于现代"的观点。奇怪的是，为何美洲大陆没有类似的学说出现呢？这是因为美洲大陆没有史前人类栖息过的证据。研究认为，栖息于亚洲的现代人类在1万年前才陆续从白令海峡迁居到美洲大陆。

既然如此，在北美洲多次被目击的大脚怪到底是从何而来的物种呢？这个部分尚有许多待解的谜团。

◀尼安德特人的脸部重建模型。虽然尼安德特人的长相和现代人类相似，两者在演化上却不是同源同宗。

潜藏在水中的UMA

第 3 章

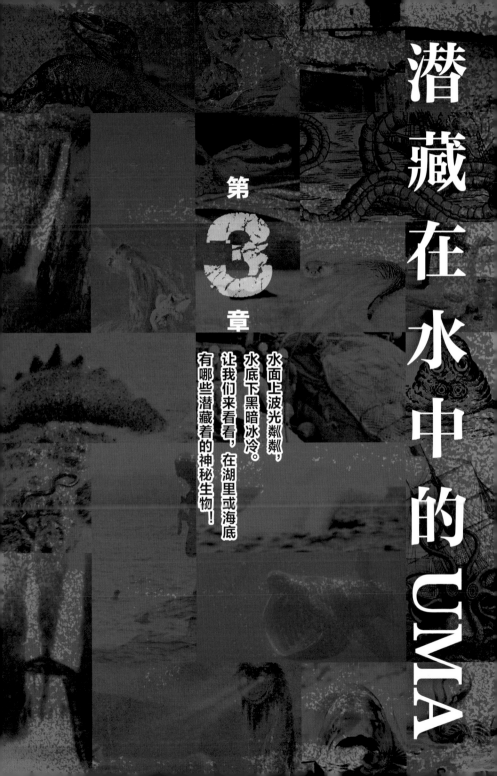

水面上波光粼粼，
水底下黑暗冰冷。
让我们来看看，在湖里或海底
有哪些潜藏着的神秘生物！

出没地点：**挪威** 发现时间：**1750年** 身长：**6—10米**

塞尔玛湖怪

UMA FILE: 028

▲ 2004年8月，GUST调查小组拍摄到的疑似塞尔玛湖怪的不明生物（位于船的右下方）。

马头蛇身的湖怪

挪威西南部的塞尔约尔湖，约从1750年开始就不断有人目击巨大的水蛇型怪兽。据说此怪兽头部像马或鹿，挪威人称它为塞尔玛湖怪。到目前为止，目击记录居然超过了100条。

2000年，以瑞典为活动据点的GUST世界水中调查队派遣12名成员组成调查小组，利用设置陷阱等方式，打算一举活捉塞尔玛湖怪。虽然这次调查活动以失败告终，但他们在2001年用湖底相机拍摄到了一只体长6米、宽约30厘米，而且身体前半段拥有一对鳍的不明生物。

虽然无法断定该照片中的生物是否为塞尔玛湖怪，但塞尔约尔湖从未发现过如此巨大的鱼，因此，人们认为该生物是塞

▼ 1999 年，由亚当·戴维斯拍摄的塞尔玛湖怪。从图中可看到如同黑色肉块的东西浮出水面。

▲塞尔玛湖怪的真实身份可能是古代幸存下来的形似巨蛇的生物。

◀根据古代传说描绘出的塞尔玛湖怪想象图。此图中的塞尔玛就像是霸占湖的妖怪，拥有诡异的外表。

▲ GUST 的领队杨·斯唐贝利。

尔玛湖怪的可能性颇高。2004 年，更有人在塞尔约尔湖录到某种类似狮子的吼叫声。

同年，GUST 终于成功地拍摄到了塞尔玛湖怪浮出湖面的身影。可惜的是，影片中的怪物不但难以辨认，而且体长只有大约 1 米。也许当时拍到的生物是塞尔玛湖怪的幼兽吧！

杨·斯唐贝利是 GUST 的领队，他认为："由于塞尔约尔湖在远古时期是海洋，塞尔玛湖怪很可能是从志留纪（约 4.38 亿—4.1 亿年前）幸存下来的莫氏鱼。"所以，这个类似莫氏鱼的生物不但没有灭绝，还在塞尔约尔湖中逐渐演变成了巨大的生物吗？

出没地点：瑞典

发现时间：1635年

身长：6～9米、15～20米

史托西

Storsie

UMA FILE: 029

▲史托湖弗隆森岛 11 世纪的石碑上刻有疑似史托西的怪物。传说在石碑的文字被成功解读之前，史托西会一直被封印在史托湖中。

被保护的濒临绝种的未知怪物

　　位于瑞典中部地区的史托湖在一年内会有数个月维持冻结的状态。在这样严苛的生存环境中，却常常传出某种未知生物的目击报告。此未知生物被称为"史托西"。

　　史托西的目击记录从1635年开始，到目前为止，总数超过了500条。

　　1989年，当地居民开始进行活捉史托西的行动，但最后都以失败告终。目前，史托湖附近的博物馆还保存着当年用来诱捕史托西的陷阱。

　　虽然史托西的目击记录相当多，但却从来没有人清楚地看见过史托西的面貌。

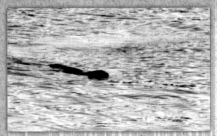

▲ 在史托湖拍到的神秘黑影。从湖面上的波纹来看，是黄鼠狼或海豹的可能性也很大。

▲ 2008 年，使用水中相机拍摄到的像蛇一样的生物，或许它就是史托西。

▲ 2008 年 11 月，设置在湖底的相机拍摄到的疑似未知生物的头部。此照片可以确定此生物并不是鱼类，也许是某种未知生物！

▲ 史托湖畔的博物馆展示着曾用来活捉史托西的陷阱。

目击者对史托西头部的描述有马、鳄鱼、狗、猫等各种说法，体形有鳗鱼、蛇、尼斯湖水怪等版本，长度有6—9米或15—20米等描述……在证词上可说是难有定论。

不过，值得一提的是，史托湖位于耶姆特兰省，当地政府于1986年将史托西指定为濒临绝种生物，并规定民众不可滥捕滥杀。另一方面，2008年，史托西探察协会出资在湖底大量设置水中相机，并在该年拍摄到了疑似史托西的生物。

曾调查过塞尔玛湖怪的GUST世界水中调查队认为，史托西可能是一种巨大的鲟鱼。只是这种假说并没有被证实。无论如何，史托西探察协会的确在史托湖中发现了一种诡异的未知生物。

Champ

尚普

UMA
FILE:
030

▲ 1977 年 7 月，桑德拉·麦欣在偶然的情况下成功地拍摄到了尚普的身影。

潜藏于湖底的神秘蛇颈龙

　　美国的纽约州、佛蒙特州跟加拿大接壤的地区有一个细长的湖——尚普兰湖。尚普兰湖是淡水湖，湖中有一只经常被人目击的未知生物，人们称它为"尚普"。尚普体长至少4.5米，体重推测有数吨，是类似蛇颈龙的未知生物。

　　在当地原住民的传说中，尚普兰湖里有一条"头上长角的蛇"。最早的目击记录是在1609年，一名法国探险家发现了尚普的行踪。

　　到现在，累积的目击记录超过了300条。其中最有名的是1977年到当地旅游的桑德拉·麦欣拍下来的照片。

　　麦欣拍摄到的尚普位于湖中距离湖岸约45米处，直到她洗

▲海洋学者保罗·鲁布隆（左图）表示，通过湖面上的波纹可以推测出尚普的体形。

▲首次拍摄到清晰的尚普照片的麦欣。

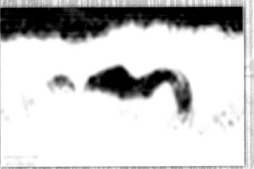

▲2002年9月8日，帝尼斯·豪尔拍摄到的尚普。

▲2009年5月31日，艾利克·奥谢拍摄到的尚普。

出照片，全世界才知道尚普兰湖里有一个大水怪。

1982年，海洋学者保罗·鲁布隆对麦欣的照片进行鉴定，确认它确实是一种未知生物。鲁布隆以波浪的大小等进行分析，推测尚普的全长至少有4.8米。他估计潜藏在水中的身体最长有17.2米。

2002年，一个名叫帝尼斯·豪尔的男子成功地拍下了尚普的影像。2009年，艾利克·奥谢拍到夕阳下的湖面上，疑似尚普的生物从湖里探出了长长的脖子。

现在，为了研究尚普，甚至设立了专门的研究团队，每到尚普出现概率较高的夏天，他们都会前往尚普兰湖进行为期一个月的调查活动。

Nahuelito

纳韦耶利特

UMA FILE: 031

▲ 2006年4月，一个匿名者将纳韦耶利特的照片投稿至巴塔哥尼亚的报社。

像蛇颈龙的怪兽

　　位于阿根廷南方的巴塔哥尼亚是有名的观光胜地，那里有以湖水清澈闻名的纳韦尔瓦皮湖。据说在这片明净的湖泊里，潜藏着一个名为纳韦耶利特的大怪兽。纳韦耶利特和尼斯湖水怪一样，是蛇颈龙类型的生物，特征是有细长的脖子和较小的头部，背上有两个突起物，身体有类似鱼鳍的部位。根据不同目击者的证词，推测纳韦耶利特的体长为5—40米。

　　第一次目击记录发生在1897年。不过在这之前，住在这里的原住民早已听说过关于纳韦耶利特的传说。另外，早在1922年，尼斯湖水怪引起世界关注之前，布宜诺斯艾利斯动物园的园长就已经因组织了大规模的探险队而闻名。这是因为越来越

▲有人偶然在纳韦尔瓦皮湖拍摄到了疑似属于纳韦耶利特的鳍。但此照片的拍摄日期等信息皆不明。

▲2008年11月，西班牙公布的纳韦耶利特的照片。照片中，纳韦耶利特的头部看起来比蛇大很多，脸部呈现的角度相当不自然。

▲虽然纳韦耶利特是类似蛇颈龙的生物，但在此照片中，其背上的隆起物在湖面上显得很突兀。

▲印有纳韦耶利特的旧版阿根廷纸钞。

多的人察觉到纳韦尔瓦皮湖里有未知生物存在。

　　随着目击报告变多，许多相关照片也随之公布。2006年，一张纳韦耶利特的照片被投稿到巴塔哥尼亚的报社，引起了全世界的关注。这张照片的投稿者没有署名，只是注明照片的内容是"在纳韦尔瓦皮湖拍摄到的疑似怪物的身影"。另外，西班牙于2008年公开了一张纳韦耶利特的照片。

　　但不管是巴塔哥尼亚的报社刊登的照片，还是西班牙公布的照片，未知生物研究专家罗连·高曼认为，"那些或许都是假照片"。如果这些照片确实是假的，那么，就连那些原本珍贵又值得相信的目击证词也都会变得一文不值了吧！

德亚路克

出没地点：爱尔兰　发现时间：1674年　身长：2米

Dobhar-chú

▲记载1722年德亚路克伤人事件的石碑。

▶此图中的动物为黄鼠狼。据说有人将德亚路克称为"黄鼠狼之王"。

▲根据传说描绘出来的德亚路克想象图。德亚路克比黄鼠狼强壮，且具有攻击性。

体形似黄鼠狼的凶暴怪兽

　　德亚路克全长约2米，毛皮黝黑，头部似犬，是个体形如同黄鼠狼的诡异生物。德亚路克是爱尔兰西部传说中的怪物，在当地古语里意为"黄鼠狼狗"。据说它们大部分时间成对行动，而且有将猎物拖回湖里食用的习性。

　　德亚路克最初的目击记录在1674年，1722年传出它在古雷纳德湖杀害了一名女性的事件。此后，德亚路克一跃成为凶暴的生物。后来，有一段时间几乎没有德亚路克的目击报告，人们认为它已经绝种。直到2003年，在爱尔兰西方的欧姆宁岛又传出疑似德亚路克的怪物在岛上的湖泊附近出没的消息。

真实度 ★★★★★

库杜拉

出没地点：**挪威**　发现时间：**2005年**　身长：**不明**

Kudulla

UMA
FILE:
033

第3章　潜藏在水中的UMA

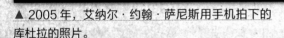

▲ 2005年，艾纳尔·约翰·萨尼斯用手机拍下的库杜拉的照片。

豆知识 MEMO

冰河湖是冰河切削地表形成的，在地质上属于较新的湖泊。若是其中有巨大的生物存在，说不定是海中生物误入了该湖，并就此霸占了这个湖，成为该湖的物种。

冰河湖里的怪兽

　　2005年，在挪威的北特伦德拉格郡，一个名叫萨尼斯的钓客看到斯诺萨湖里有一只神秘的水栖兽，并在距离怪兽约20米处用手机将它拍摄下来。萨尼斯低头确认手机里的照片，再抬头已不见水栖兽的身影。虽然照片只拍到了此兽从水中冒出的约2米长的颈项，却已能推测出它的巨大身形。另外，斯诺萨湖属于冰河湖，其附近在很久以前便流传着大海蛇的传说。虽然无法确定这个未知生物是不是传说中的海蛇，但人们仍然以斯诺萨湖的旧名"库杜拉"为它命名。我们可以期待后续的新情报，为库杜拉的研究翻开全新的篇章。

SECRET REPORT

欧哥波哥

真实度 ★★★★☆

出没地点：加拿大

发现时间：1872年

身长：6—9米

UMA FILE: 034

▲1967年，艾利克·帕索拍下的史上第一张欧哥波哥的照片。

▲湖边的欧哥波哥雕像。

出现在加拿大湖中的恶魔

　　欧哥波哥是加拿大境内不列颠哥伦比亚省的水栖型未知生物，发现地点在欧肯纳根湖。细长且呈南北走向的欧肯纳根湖有一则古老的原住民传说，据说当地有一种湖中恶魔，人们称它为"纳海多克"或"奈塔卡"。

　　1974年，英国人把这个传说编写成歌曲且流行起来。因为此歌曲，湖中恶魔开始被人们称为"欧哥波哥"。

　　有文字记录的目击事件最早发生在1872年，之后的目击报告累计超过200份。

　　据说欧哥波哥的头部类似牛或马，身长为6—9米，体形细长，背上有突起物，尾鳍呈两条分叉，会像尺蛾的幼虫般在湖

▲ 1976 年 8 月 3 日，爱德华·弗列加拍到的欧哥波哥。

▲ 2008 年，调查队发现的欧哥波哥幼兽的尸体。

▲ 2009 年，谷歌地图的卫星照片中发现的欧哥波哥的身影。

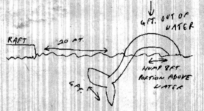

▲ 1974 年，克拉克夫人根据自身经历画出了碰到欧哥波哥时的状况。

中蠕动全身游动。

1974 年，一名在欧肯纳根湖游泳的妇人无意间碰触到了欧哥波哥的身体。受到惊吓的妇人慌张地游回了附近的木筏。

她陈述当时的状况："我感觉脚碰触到了某种东西，吓了一大跳。等我回到木筏上，只见一条像鳗鱼的巨大生物在湖里游动。由于离它很近，我吓得魂飞魄散，有一种历劫重生的感觉。"

在 2009 年的谷歌地图中，甚至发现欧肯纳根湖的照片里有一个巨大的黑影藏在水中。另外，《纽约时报》曾悬赏 1000 美元，请读者提供欧哥波哥的目击信息给他们。

卡梅伦湖怪

出没地点：**加拿大**　发现时间：**2004 年以前**　身长：**4 米**

Cameron Lake Monster

▲ 2007 年 7 月 30 日，布里吉特·何巴斯拍摄到的卡梅伦湖怪。

声呐探测到湖底怪兽

　　加拿大不列颠哥伦比亚省的温哥华岛上有一个名为卡梅伦的湖。自古以来，卡梅伦湖经常传出有人目击巨大的黑色海蛇的故事，当地人称这个未知生物为卡梅伦湖怪。2007 年，终于有人拍摄到了这个湖怪。经地方报社报道，卡梅伦湖怪在一夕之间闻名于世。

　　2004 年，约翰·卡斯率领不列颠哥伦比亚未知生物研究俱乐部，在卡梅伦湖展开调查。2009 年，他们在水深 18 米和 24 米处，以声呐探测到了巨大的生物。他们确定这并不是光线或涟漪导致的错觉，而是有某种未知的生物潜藏在湖底。

真实度 ★★★★★

涅奇

出没地点：**美国**　发现时间：**1899年**　身长：**7.5米**

Neckie

UMA FILE: 036

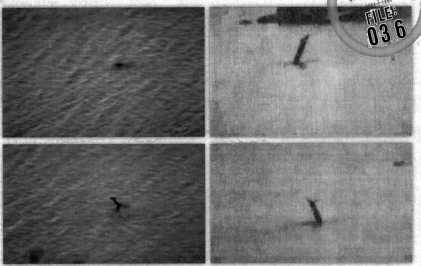

▲ 2009 年公布的涅奇的录像。由于该录像是使用夜视镜摄影机拍摄的，画面不是很清晰，但仍可分辨其头部、尾部有分叉的特征。

有鲨鱼的尖牙的湖怪

美国纽约州的瑟内萨湖从以前就传说栖息着一种诡异的怪兽。此怪兽身长 7.5 米，头和身体都很细长，外观像抹香鲸，拥有两排像鲨鱼一样锐利的尖牙。

1899 年，一艘名为"奥莉提亚号"的蒸汽船航行于瑟内萨湖上，撞上了湖中的怪兽。据说它当场死亡，并沉入湖底。之后大家认为这种怪物和尼斯湖水怪一样，是一种潜藏在湖里的怪兽。他们通称其为"涅奇"。后来，关于涅奇的目击报告经常传出，直到 2009 年，网站上突然有人上传了疑似涅奇的录像。

91

真实度 ★★★★★

喀纳斯湖水怪

出没地点：**中国**　发现时间：**1985年?**　身长：**10米**

Kanas Lake Monster

UMA
FILE:
037

▼ 2005 年，游客在游览船上拍摄到的喀纳斯湖水怪。

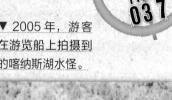

▲ 2010 年，于喀纳斯湖上空拍到的水怪黑影，可见其体形可能比游艇还大。

豆知识 MEMO

哲罗鲑俗称大红鱼，属淡水鱼，主要栖息地在中国、西伯利亚。目前已知的记录中，哲罗鲑最长可以生长至 2 米左右。

中国新疆的未知水怪

在中国新疆有一个喀纳斯湖。有一天，当地媒体报道，有人目击湖中有巨大的生物。目击者是新疆大学的生物学教授等 20 人，当时他们正在接近喀纳斯湖的山顶上观景，发现了一个体长约 10 米、体重推测约 4 吨的水怪。2005 年，喀纳斯湖游览船上的游客也目击了这个未知生物，当时的目击者共有 7 人。根据调查，水怪的真实身份可能是哲罗鲑。哲罗鲑虽然是体形较大的鱼类，但目前最长的只有约 2 米。因此，如果有 10 米长的哲罗鲑，那就是一项令人惊讶的大发现。

92

真实度 ★★★★

尼斯基

出没地点：**俄罗斯**　发现时间：**1991年以前**　身长：**不明**

Nesski

UMA
FILE:
038

第3章　潜藏在水中的UMA

▲用手指着尼斯基水怪的目击者（圆圈内为放大照）。

袭击钓客的恐怖水怪

俄罗斯新西伯利亚的恰内湖最深处达7米，是一个深度较浅但面积大的湖泊，湖里栖息着拥有两对鱼鳍、被当地人称为尼斯基的蛇颈龙型水怪。

尼斯基最初是在苏联时代被钓客目击的。那时，尼斯基水怪把渔船打翻，将钓客拖进湖中。

之后3年内，共有19人在恰内湖失踪，而寻到的遗体被啃食得四分五裂，十分骇人听闻。

2007年至2010年，又出现了疑似尼斯基水怪袭击人的传闻。

93

切希

出没地点：**美国**　发现时间：**1943年**　身长：**12米**

Chessie

UMA
FILE:
039

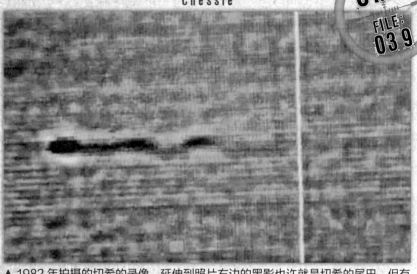

▲ 1982年拍摄的切希的录像。延伸到照片右边的黑影也许就是切希的尾巴，但有不少人怀疑那是某种在特殊环境下巨大化的鲈鳗或海蛇。

头部像足球的水栖兽

　　切萨皮克湾是美国面积最大的河口湾，亦是海怪切希的栖息地。切希的头部外观很像足球，体长约12米，黑褐色的身体上有白色斑点，背部有数个隆起物。

　　切希第一次被目击的时间为1943年。1978年后，相关目击记录突然暴增。1982年，有人从客轮上拍摄到了一段切希的录像。相关人士将这段录像交给华盛顿州的史密森尼博物馆调查，20名动物学者研究后认为，影片中的切希其实是水獭。但是世界上从未有人发现过12米长的水獭。

林恩湖水怪

出没地点：**爱尔兰**　发现时间：**1981年**　身长：**6—10米**

Lough Leane Monster

▲ 1981 年 8 月，专业摄像师帕德·凯利拍的林恩湖水怪。

目击资料极少的未知生物

　　林恩湖水怪出现在爱尔兰科克郡林恩湖，是一种类似尼斯湖水怪的水栖型未知生物，身长 6—10 米，头部疑似有一对犄角，这一点和尼斯湖水怪有些不同。由于林恩湖附近并没有大规模的村庄或城市，在调查上显得较困难，关于这个未知生物的资料也相当稀少。

　　美国知名的未知生物研究专家罗伊·麦可虽然曾前往当地两次，想调查林恩湖水怪的底细，却始终未果。到现在为止，关于林恩湖水怪的资料，就只有1981年由专业摄像师帕德·凯利偶然拍到的一张照片而已。

真实度 ★★★★

马尼波戈

出没地点：**加拿大**　发现时间：1908年　身长：12米

Manipogo

UMA
FILE：
041

豆知识 MEMO

龙王鲸又称械齿鲸，是距今4000万—3400万年前的原始鲸鱼，全长可达15米，身体比现代的鲸鱼细长。

▼1962年3月12日，渔夫理查德·宾瑟拍摄到的马尼波戈水怪。由照片可发现，马尼波戈不像是蛇颈龙之类的水栖兽，可能是龙王鲸或海蛇。

栖息在精灵圣地的水怪

加拿大中部的曼尼托巴省有一个马尼托巴湖，据说该湖是精灵的圣地，同时也是马尼波戈水怪的栖息地。1908年，有人目击了一个疑似海蛇的怪物。它的体长约12米，头部较小且呈菱形，直径约20厘米，以上下蠕动的方式在湖面游动。

1936年，渔夫奥斯卡在马尼托巴湖捕鱼，他的渔网竟捕获了一具奇怪的骸骨。这具骸骨在送给专家鉴定前因火灾而被烧毁，后来人们复制出其模型，再送给生物专家调查，发现那很可能是蛇颈龙遗留下的骸骨。但从宾瑟拍的照片上可看出，马尼波戈并不像蛇颈龙，更像龙王鲸或海蛇。难道那不是马尼波戈的尸骨吗？

陶波湖怪

出没地点：**新西兰**　发现时间：**1980年**　身长：**不明**

Lake Taupo Monster

UMA
FILE:
042

▲雷克斯·基罗拍到的陶波湖怪。其真正的身份始终是个谜。

像蛇颈龙的湖怪

陶波湖坐落在新西兰北岛的中央，是新西兰的第一大湖。

1980年，澳大利亚知名的未知生物研究学者雷克斯·基罗在此拍摄到了陶波湖怪。

照片中，湖怪正缓缓地横越湖面，可看出其身体呈暗褐色。当时它浮出水面的时间约有十分钟。

由于体形较小，它容易被当作在湖边栖息的水鸟，但其真正的身份始终是个谜。

基罗说："陶波湖可能有二三十只与此相同的生物，它们和尼斯湖水怪一样，可能是从很久以前幸存至今的蛇颈龙。"

波尼希

出没地点：**英国** 发现时间：**2006年** 身长：**6—15米**

Bownessie

UMA
FILE:
043

▶ 2011年，汤姆·皮可鲁斯乘着橡皮艇用手机拍下的波尼希怪兽。

▲左图放大后的样了。

◀2006年，摄像师林德·亚当斯拍到的约15吨重的波尼希怪兽。

背部有隆起物的怪兽

英国的坎布里亚郡拥有许多湖泊，温德米尔湖附近的波尼斯镇盛传着波尼希怪兽出没的故事。

波尼希怪兽身长可达15米，背上有三四个隆起物。

这个怪兽从2006年被人发现开始，至今目击报告累计10份以上。虽然有好几张相关照片公开，但每张都模糊得难以辨识真假。

2011年，有人用手机拍到了波尼希的身影，却依然无法确认照片中生物的真正身份。也就是说，波尼希怪兽一直是一个难以下定论的谜。

天池水怪

出没地点：**中国、朝鲜**　发现时间：**20世纪初**　身长：**3—10米**

Lake Tianchi Monster

UMA

FILE: 044

第3章　潜藏在水中的UMA

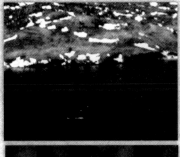

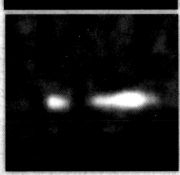

▲中国与朝鲜的界湖——天池里隐藏着神秘的水栖生物。

◀在天池拍到的水怪。下图为放大的照片。

火山湖中的神秘生物

　　长白山位于中国与朝鲜的边界，最高峰海拔2749米。长白山山顶上的天池是火山湖，大约在300年前形成。

　　20世纪初，有人在天池目击了某种不明生物，人们称它为天池水怪。

　　20世纪60年代，天池水怪的目击报告大幅突增，至今目击者已达1000人。虽然目击次数相当多，关于天池水怪的特征描述却难以统一成具体的形象，例如头部像马或牛、有一对角、身体的外观像鳄鱼等。不过，比起来自远古的绝种动物，天池水怪的真实身份或许比较接近巨大化的淡水鱼。

雷

出没地点：**美国**　发现时间：**1990年**　身长：**5—10米**

Raystown Ray

▶ 2006年4月，当地渔夫拍摄到的雷。从照片中可以推断雷像一种蛇颈龙或蜥脚类恐龙。

▲ 2009年3月，当地人拍摄到的雷的背部。既然可以潜水，那么雷可能是水栖生物。

像蟒蛇的水栖未知生物

　　美国宾夕法尼亚州的亨廷顿县有一个雷斯镇湖，湖中栖息着一种名为"雷"的不明水怪。

　　雷的身长为5—10米，是个脖子细长、似蟒蛇的怪物。2006年，当地的渔夫拍摄到雷在湖面上游泳；2009年，有人拍摄到了雷的背部。住在雷斯镇湖附近的野生动物学者表示："雷从不攻击小艇或其他水栖动物，说不定是古代幸存下来的植食性恐龙呢！"确实，在关于雷的传闻中，从未有人因为雷而受到伤害。但雷斯镇湖是一个人造湖，1912年才建成。那么，这个巨大的生物究竟是从何而来的呢？

真实度 ★★★★★

米戈

出没地点：**巴布亚新几内亚**　发现时间：1972年　身长：5—10米

Migo

UMA
FILE:
046

第3章　潜藏在水中的UMA

▲日本电视节目的采访小组于1994年成功拍摄到了米戈的影像。

豆知识 MEMO

在日本，"湖主"代表着湖泊中成精称王的生物，而很多国家都有将湖中的巨大生物尊为神明的风俗。有人推测，米戈可能是巨型鳄鱼，然而米戈真实的样貌至今仍旧不明。

南太平洋上凶暴的水栖兽

　　巴布亚新几内亚新不列颠岛上的达卡塔瓦湖里有个极凶暴的水栖兽，当地人称它为"米戈"。据说，米戈有长着鬃毛的长脖子以及海龟般的四肢。有人推测，米戈可能是6600万年前灭绝的沧龙。

　　米戈在水中会用纵向蠕动的方式让细长的身体前进。湖边的居民说，米戈会在满月的夜里上岸，吃掉鸟类或水草。

　　1972年，日本的太平洋资源开发研究所倾注全力调查米戈的存在，积极搜集原住民的目击证词。1994年，日本的电视台拍摄到了米戈出没的身影。

加诺

出没地点：**土耳其**　发现时间：1990年　身长：20米

Jano

UMA
FILE:
047

▼1997年5月，乌那尔·寇萨克拍摄到的加诺。从黑影推测其全长约有20米。

像鲸鱼一样会喷水的未知生物

　　土耳其境内最大的湖是安纳托利亚地区的凡湖，凡湖是传说中的巨兽加诺的栖身地。

　　从1990年开始，人们常常目击加诺像鲸鱼一样喷水或跳出水面。可见，加诺可能是类似鲸鱼的哺乳类动物。

　　据说，有时人们会在夜里听到加诺发出"哦——"的声音。1997年，有人将加诺出没的影像公开，加诺一跃成为世界瞩目的焦点。虽然凡湖比日本的琵琶湖大上五倍，是生物较难生存的咸水湖，但其鱼类生态意外地丰富，也许加诺就是靠这些鱼生存的吧！

门弗雷

出没地点：**美国、加拿大**　发现时间：**1800 年**　身长：**6—15 米**

Memphré

▲ 1997 年，派特莉西亚·弗尔尼拍摄到的门弗雷的珍贵照片。

▶根据传说描绘的门弗雷想象图。图中的门弗雷像神话中的龙。

北美洲被保育的湖怪

　　加拿大魁北克省和美国佛蒙特州之间除了尚普兰湖外，还有门弗雷梅戈格湖。这片细长的湖里栖息着一只名为门弗雷的像蛇颈龙的水怪。门弗雷体长有6—15米，有着似马的头部和细长的脖子，背上有隆起物。

　　门弗雷是当地原住民口耳相传的怪物，其目击记录超过150条。但目前有的目击照片或录像，几乎每个画面都很模糊，因此很难确定门弗雷的真正样貌。另外，1989年，佛蒙特州议会通过了"门弗雷保育法"，严格禁止民众捕杀门弗雷。

莫拉格

出没地点：**英国**　发现时间：**1893年**　身长：**12—15米**

Morag

▼ 1977年1月，一个名叫 M. 林洁的女性拍下了莫拉格现身的瞬间。漂在湖面上的圆形黑影即莫拉格。

放声吼叫的湖中精灵

英国苏格兰的莫拉湖里有一个和尼斯湖水怪齐名、人称"莫拉格"的水怪。

莫拉格在当地古语里是"湖中精灵"之意。换句话说，莫拉格是一种从很久以前就已经开始流传的未知生物。

莫拉格的体长有12—15米。这个和尼斯湖水怪几乎一样的蛇颈龙类未知生物曾在1893年被人目击在湖面上大声吼叫。1977年，终于有人拍下了它在湖面上现身的照片。

虽然当地交通不便，鲜少有观光客前往，但是莫拉格的目击次数相当多，更提高了它真实存在的可能性。

布雷希

出没地点：**美国、加拿大**　发现时间：**1894年**　身长：**不明**

Pressie

第3章　潜藏在水中的UMA

▶1977年，兰迪·布朗健行时偶然拍到的布雷希的照片。照片中能依稀看见其巨蛇般的身影。

▲将照片放大后，可以看到这是只鼻子像马一样突出的怪物。

苏必利尔湖的海蛇形怪物

　　苏必利尔湖是美国五大湖之一，位于美国和加拿大的交界处，湖里栖息着著名的海蛇形怪物布雷希。汇入苏必利尔湖的布雷斯克艾尔河是常常会被人目击布雷希的地点，因此成了布雷希名字的由来。1894年，一艘蒸汽船正在苏必利尔湖上航行，船上的船员突然看到了一个从湖中探出2—3米、脖子像马的未知生物。1930年，有人曾在湖边目击一个像大蛇的正在游泳的生物。另外，虽然当地流传着不少关于布雷希的目击传说，却几乎没有相关照片或录像。只有1977年拍摄到的一张照片，成为关于布雷希存在的重要证据。

出没地点：**刚果共和国**

发现时间：**1776年** 身长：**8—15米**

魔克拉-姆边贝

UMA FILE: 051

▲ 1966年，野生动物摄影师伊凡·立德尔拍摄到的未知生物足迹。足迹只有三根脚趾，和雷龙的足迹相当接近。犀牛有四根脚趾，因此可推测不是犀牛留下的。

带来死亡与灾厄的魔物

特雷湖位于刚果共和国的利夸拉省，湖中有一种原住民口耳相传的怪兽——魔克拉-姆边贝。

魔克拉-姆边贝，这个奇特的名字以当地的语言解释，有"彩虹""半兽半神者"等各种不同的意思。

魔克拉-姆边贝虽然是水陆两栖、以植食为主、看起来像恐龙的生物，却相当有攻击性。它的体长有8—15米，以四脚行走，足部生长在身体两侧，形状像蜥蜴；头部占身体的比例很小且呈三角形，还有长脖子。

对原住民来说，魔克拉-姆边贝象征着"死亡和恐怖"。他们盛传："水中住着会带来厄运的怪物，只要讨论它就会有死亡

▲此图为特雷湖的航拍照，由于地处丛林，没有任何道路，要前往当地是一件相当困难的事。

THE NEW YORK HERALD.

IS a BRONTOSAURUS ROAMING AFRICA'S WILDS

▲1909年，德国知名动物商人卡尔·哈肯贝克曾目击疑似恐龙的生物。后来媒体对全世界宣称『刚果共和国还有恐龙生存』。

▲1981年7月1日，凯宾·达菲在特雷湖拍到的魔克拉-姆边贝。

▲很多人推测魔克拉-姆边贝是白犀牛。

的危险。"这是因为1800年发生了一件可怕的事情。

"有个怪兽攻击人类的村庄，村民拿起长矛杀了它并宰了吃了，结果吃了它的肉的村民全都死掉了。"这个可怕的怪兽让原住民避之唯恐不及。

由于这个事件，魔克拉-姆边贝是带来死亡与灾祸的魔物这一传闻不胫而走。

第一个较确切的目击者是一名前往当地传教的法国神父，时间为1776年，这名神父发现了90厘米长的巨大脚印。1880年，某个英国商人目击了魔克拉-姆边贝的身影。进入20世纪，目击案例增加，世界各地不畏死亡传说的探险家和研究学者不断地到当地探险。

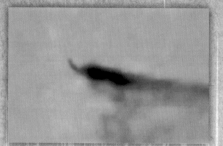

▲1992年，于湖中拍摄到的魔克拉－姆边贝，看起来体积很小。

▲雷加史特斯夫人拍摄到的魔克拉－姆边贝。

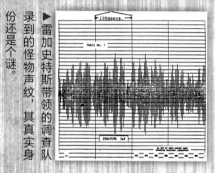

▶雷加史特斯带领的调查队录到的怪物声纹，其真实身份还是个谜。

◀调查怪物的哈曼·雷加史特斯。

其中最值得瞩目的是1981年前往特雷湖的哈曼·雷加史特斯。雷加史特斯是美国航天飞机研究所（美国国家航空航天局的研究机构之一）的太空工程技术员，他率领调查小组前往当地进行关于魔克拉－姆边贝的研究。

首先，他成功地取得了被认为是魔克拉－姆边贝令人不舒服的吼叫声的录音。

之后，声纹分析师、动物学者、爬虫类专家经过分析，全都认为那是一种未知的大型动物的叫声。

换言之，他们通过科学的验证，发现魔克拉－姆边贝是一种存在于非洲的未知生物。

▲根据当地传说描绘的魔克拉－姆边贝想象图。这不禁让人联想，魔克拉－姆边贝也许是已经灭绝的雷龙。

　　另外，雷加史特斯的妻子姬雅拍摄到了魔克拉－姆边贝的身影，并发表了证词："当我搭上小艇前往特雷湖调查时，在大约20米外的湖面突然蹿出来一个像蛇的生物的头部。我马上用相机拍了下来。"

　　那个怪物迅速缩回水里，雷加史特斯夫人只来得及快速按下一次快门，但焦距没对好，照片看起来不太清楚，只能看到湖面上有某种东西而已。

　　关于魔克拉－姆边贝的身份有各种说法，其中最有力的推论是，它是中生代侏罗纪植食性恐龙雷龙的小型种，跟雷龙有长尾巴和大象般的脚趾等诸多共通点。还有从未被发现过的巨大蜥蜴或根本就是被错认为怪物的犀牛等推论。

池田湖水怪

真实度 ★★
出没地点：日本
发现时间：1978年
身长：20—30米

▲ 1978 年 12 月 16 日，松原寿昭夫妇拍摄到的池田湖水怪。

UMA
FILE: 052

◀池田湖畔设置的水怪雕像。

日本版尼斯湖水怪现身

　　日本鹿儿岛县指宿市的池田湖里生长着体长可达 2 米的大鳗鱼以及其他大型的水栖生物，尤其有一种体长 20—30 米的巨无霸级水怪，被称为"湖之主"。这个水怪的头部和尾部至今没有人见过，但其背部的隆起物和背鳍的突起被人目击过。

　　1978 年，两名正在池田湖旁玩接球游戏的少年发现湖面上有东西正不断地拍打出水花，随后浮现出两团黑色的块状物。

　　"'湖之主'出现啦！"

　　两个少年赶紧回到镇上告诉大人，大人们立即前往湖边了解情况，约 20 个大人看到了湖面上有一个庞大的怪物在游泳。这件事被各大新闻媒体争相报道，引起了不小的骚动。

▲ 1990 年 10 月 21 日，初次拍摄到的池田湖水怪的影像。

▲在池田湖栖息的大鳗鱼。鳗鱼的成体全长可达 2 米，但不可能长到 20 米。

▲ 1993 年 10 月 25 日上午 10 点左右，池田湖水怪浮出湖面约两分钟。

豆知识 MEMO

探察海洋和湖泊里是否有未知生物时，最容易使人混淆的是水面上的涟漪。尤其是湖泊很容易受到风吹、枯枝飘落等外在因素的影响而产生小小的波纹，这时很容易将之误会成生物活动，因为涟漪给予人们的重要信息是那里有生物在呼吸或猎食等。

尼斯湖水怪在英国的昵称为"尼希"，因此，日本人给池田湖水怪取了个昵称叫作"伊希"。

之后，来到池田湖的观光客绵绎不绝，日击池田湖水怪的人也跟着增多。

初次拍摄到池田湖水怪的照片是在 1978 年 12 月拍的。指宿市观光协会详细地鉴定和讨论后表示，"该照片确实拍到了伊希身体的一部分"，并且给拍摄这张照片的人——松原寿昭——提供了奖金。

有人猜测池田湖水怪是蛇颈龙，也可能是突变的大型鳗鱼，但是都没有确切的证据可以证明这些推测。1993 年 10 月以后，就再也没有人见过池田湖水怪了。

泷太郎

出没地点：**日本**　发现时间：1615年　身长：1.5—3米

Takitaroh

▲ 1984年举办的"第二届泷太郎调查活动"中捕获的大鱼。这条鱼身长70厘米，远远不及泷太郎。

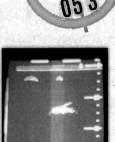

▲ 泷太郎调查队用声呐捕捉到的大鱼的身影。

超过两米长的神秘怪鱼

　　传说在日本山形县鹤冈市（原朝日村）朝日峰峦的大鸟池里，有一条只要被捕获就会带来灾厄的大鱼，这条鱼被人们称为"泷太郎"。1615年，渔夫在大鸟池里捕获了泷太郎，之后就发生了大洪水。泷太郎开始变得有名是在1982年，当时有观光客从远处发现大鸟池的水面上有个东西正卷起一阵阵的大浪。他们用望远镜观看，发现一条大约2米长的大鱼正在游水。1983年，调查团队为了调查泷太郎的存在，在大鸟池里放置了水中相机、声呐等设备，结果证实湖中似乎有一条超乎寻常的大鱼。虽然如此，人们至今还是不知道泷太郎的来历。

库希

出没地点：**日本**　发现时间：**1972年**　身长：**10—20米**

Kussie

▲屈斜路湖畔的湖怪库希展示模型。

▲1979年，札幌市的上班族拍摄到的库希。由此图可知，库希的外观很像蛇颈龙。

像蛇颈龙的湖怪现身

北海道钏路市的屈斜路湖里有一个被称为库希的大水怪。库希是一种蛇颈龙类型的未知生物，在1972年首次被目击。当时只看到了它背部的一部分，就像一艘小艇被翻了过来。

1973年，来自北见市中学的40名中学生到屈斜路湖进行校外学习时，看到湖面上有一个巨大的怪物正在移动。1979年，一个札幌市的家庭去屈斜路湖旅游时，拍摄到了湖怪出没的身影。

1938年，因为地震，屈斜路湖变成了一个酸性湖，并不适宜鱼类生存，湖怪的食物来源因此变少。因为这一点，库希的生存环境成了众多谜团之一。

真实度

★★★★☆

Inkanyamba

因卡扬巴

出没地点：**南非**

发现时间：**不明**

身长：**10—20米**

UMA FILE: 055

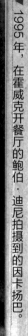

▼1995年，在霍威克开餐厅的鲍伯·迪尼拍摄到的因卡扬巴。

生吃活祭品的未知生物

　　南非的夸祖鲁-纳塔尔省有一座名为霍威克的古都，这座古都有高达30米的霍威克瀑布。因为这道瀑布，霍威克成为颇具人气的观光景点。在霍威克瀑布与附近的河川里有一种名叫因卡扬巴的怪物出没。

　　因卡扬巴体长10—20米，体形如同巨大的鳗鱼或水蛇，是极具攻击性的肉食性动物。起雾之日的目击记录最多。当地的河川里有一种可长至1米的大型鳗鱼，所以，因卡扬巴的真实身份是大鳗鱼的说法显得比较有说服力。

　　当地原住民相信霍威克瀑布是祖灵和因卡扬巴栖息的圣地，为了祭祀祖灵和因卡扬巴，他们会贡献活祭品。另外，大约在

▶霍威克的古代壁画，画中的原住民正和马头蛇身的怪物交战。难道和因卡扬巴决战是原住民为了生存而无法避免的吗？

▶右边的照片经过调校，能看见因卡扬巴的腹部有着蛇腹般的纹理。

▲因卡扬巴出没的霍威克瀑布。

▲1959年，英国空军雷米·范·莱亚德少校在刚果共和国上空拍摄到的巨蛇。这条巨蛇有12—13米长，有因卡扬巴可能是这类巨蛇的说法。

50年前，发生了一个骇人听闻的事件。当时原住民的孩子们在稍远的瀑布旁玩耍，一名女孩在河边发出惨叫声，人们前往察看时，发现女孩被某种东西抓住并强行拖进了水中。当时的景象即使是成年人也被吓得目瞪口呆。

后来，原住民都说那名女孩成了因卡扬巴的活祭品，谈起这件事依然害怕得颤抖。

1995年，终于有人对外公开了因卡扬巴的照片。虽然照片上只能看到不甚清晰的黑影，但确实可见拥有镰刀般弯曲的颈项、好像一条大蛇的怪物。不过，很多人认为这张照片有造假的嫌疑。所以，关于因卡扬巴是否真实存在，至今还是一个难解的谜团。

115

宁基南加

出没地点：冈比亚河流域　发现时间：2003年　身长：10—15米

Ninki-Nanka

◀在冈比亚河里击翻木筏的宁基南加。

▲印度尼西亚独有的科莫多巨蜥。或许冈比亚河流域有和科莫多巨蜥相似却没有演化的未知爬虫类生物栖息着。

看到它就会死亡的恶魔

　　西非的冈比亚河的源头位于几内亚，整条河横贯塞内加尔和冈比亚。冈比亚河流域有一个名为宁基南加的水栖生物出没，该名字在当地语言里的意思是"恶魔般的龙"。

　　宁基南加头部长有三个犄角，身体上有鳄鱼般的鳞片。据说看到宁基南加的人会立刻生病而死，因此，宁基南加的目击者可说是少之又少。2003年，一名男子在冈比亚河流域目击了宁基南加。后来，该名男子从伊斯兰教的某位圣人手中取得了某种植物的果实，服用后才得以保住性命。

　　有些研究者认为，宁基南加或许和科莫多巨蜥是同一种类的蜥蜴。

欧拉德伊拉

出没地点：亚马孙河流域　发现时间：1993年　身长：不明

Holadeira

▶ 1993年8月，记者伟德拍到的欧拉德伊拉。其背上的锯齿状突起物很明显，并不是鳄鱼的特征。

▼栖息于亚马孙河的鳄鱼种类之一。

▶ 根据欧拉德伊拉周围的波浪高度，可以推测其体长最少有4—5米。

　　南美洲的亚马孙河流域有数个湖泊，其中一个栖息着被当地人称为"欧拉德伊拉"的怪兽。欧拉德伊拉在当地语言中有"地狱獠牙"之意。由于目击案例极少，其身体的尺寸之类的数据一概不明。

　　1993年，一名英国记者杰瑞米·伟德为了调查欧拉德伊拉，前往亚马孙河流域采访。他在搭乘小艇时顺利地拍到了欧拉德伊拉在离船30米处浮出水面的样子，照片中可看到欧拉德伊拉的背部有锯齿般的突起物。据说，欧拉德伊拉是原住民心目中的守护神。有些人认为欧拉德伊拉是栖息在亚马孙河里的凯门鳄。

Caddy

坎帝

UMA
FILE：
058

▲坎帝在坎德波罗湾中游水的想象图。

对声音相当敏感的巨兽

　　坎帝栖息在加拿大的温哥华岛海域。自1905年起，坎帝被发现的时间已达一个世纪。由于这只未知生物常在坎德波罗湾出没，人们称它为"坎帝"。

　　坎帝的身长为9—15米，头部似马或蛇，身体细长，背部有大片线圈状的突起物。坎帝对声音相当敏感，只要发现某种物体靠近，就会在水中以时速40千米的速度逃离。根据目击者的证词，坎帝拥有爬虫类和哺乳类的特征。

　　可惜，虽然目击者很多，但几乎没有人拍到坎帝的身影，只有疑似坎帝尸体的照片。

▲1937 年 7 月，加拿大南登港的渔夫从鲸鱼的腹中取得疑似坎帝的尸体。

▶1956 年目击的坎帝的示意图。坎帝从水面伸出大约 3 米长的脖子。

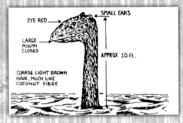

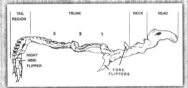

◀上方尸体照片的图解。该尸体全长 3.2 米，虽有中央的鳍和尾巴等特征，但依然无法确认是何种生物的尸体。

　　1937 年，有人从鲸鱼的胃里取出了疑似坎帝的生物的尸体。当时负责处理鲸鱼的人看到那具尸体时，都惊呼连连，不约而同地说："从以前到现在还真没见过这种动物呢！"

　　后来，该生物的尸体下落不明，只留下照片而已。

　　动物学者艾德·巴斯菲德分析照片后表示："这具尸体大约有 3 米长，也许是坎帝的幼兽。它脖子后方线圈般的突起物是现今发现的所有动物都没有的特征。真要说的话，只有西方神话中的巨龙才有这种特征。"

　　也有人认为坎帝是 3400 万年前绝种的龙王鲸。

Morgawr

蒙格乌

UMA
FILE:
059

▲ 1976年2月，一位匿名的女性于法尔茅斯湾附近拍到的蒙格乌。

时速20千米的海中怪物

英国西南部，特别是康沃尔郡的法尔茅斯湾附近，有人曾经见过蒙格乌出没。蒙格乌是当地的古语，意思是"海中怪物"。

蒙格乌身长4—18米，体重估计有数吨；头部有椰子那么大，细长的脖子上长满坚硬的毛，背上有数个突起物；身体以蠕动的形式游水，时速可达到20千米；性情似乎很温和，但也有人认为太靠近它就会有危险。

蒙格乌1975年才有正式公开的目击报告，和其他未知生物比起来算是较新的发现。不过，其实当地远在100年前就有蒙格乌出没的传闻了。

1976年，杂志记者大卫·克拉克拍到了蒙格乌在法尔茅斯

▲ 1976年1月，牙医丹坎·白纳目击到的蒙格乌的外观示意图。

▲▶ 1976年11月，记者克拉克拍下的小型蒙格乌。右图为该照片的蒙格乌示意图。

▲ 1977年1月31日，凯利·贝尼特拍摄到的蒙格乌，照片中可以看到它有两个隆起物。

湾游泳的照片。

克拉克说："我终于拍到蒙格乌了。我认为它绝对不是海豹、海豚或鲨鱼之类的动物，当然也不可能会是模型玩具，蒙格乌肯定是某种活生生的未知动物。"

虽然不少专家认为蒙格乌是一种巨型的海蛇，但多次目击海上未知生物的当地渔夫持完全相反的意见。

因此，蒙格乌是类似尼斯湖水怪的蛇颈龙类生物的假设反而较有说服力。

令人意外的是，蒙格乌的目击案例相当稀少，尤其是近年来，几乎没有传出目击报告。因此，关于蒙格乌的研究很难有进一步的发展。

长毛鱼

出没地点：**南非**　发现时间：**1924年**　身长：**15米**

Trunko

▲ 1924 年 10 月，被冲上岸的长毛鱼尸体示意图。

▶长毛鱼尸体的珍贵照片。也许长毛鱼是某种大型神秘海洋生物。

有着大象鼻的未知生物

　　1924年，在南非的马盖特海岸出现一幕奇异的景象——两只虎鲸正在和一个奇怪的生物打斗。最引人瞩目的是那个奇怪的生物有着大象般的鼻子。数小时后，那个生物被虎鲸杀死，尸体被海浪冲到沙滩上。

　　后来，当地人称这个不明生物为"托蓝可"（Trunko），其意为"大象鼻"。现在一般称之为"长毛鱼"。

　　长毛鱼身长 15 米，白色的体毛有 20 厘米长。近年来，有人公开了长毛鱼的尸体被冲上岸时的照片，但完全无法推测出它到底是什么生物。

挪威海怪

出没地点：**世界各海域**　发现时间：**不明**　身长：**20—60米**

Kraken

◀挪威海怪袭击船只的想象图。

▲ 2006年，日本的调查队于小笠原群岛活抓的巨乌贼。

用触手攻击船只的海上恶魔

　　挪威海怪自古以来就被北欧国家视为"海上的恶魔"。挪威海怪拥有许多触手，传说中常提及挪威海怪以触手攻击船只，或将水手拖进海里溺毙，因而常常把它形容成巨大的章鱼或乌贼的样子。

　　20世纪30年代，挪威海怪攻击了挪威海军的战舰。据说，当时挪威海怪用触手卷起了整艘战舰。因船底的螺旋桨正不断旋转，割伤了海怪，它才消失在海中。

　　虽然无法确定挪威海怪就是巨乌贼，但常有目击者看见它和抹香鲸战斗。也许挪威海怪是好战的巨乌贼的同伴吧！

大海蛇

UMA
FILE:
062

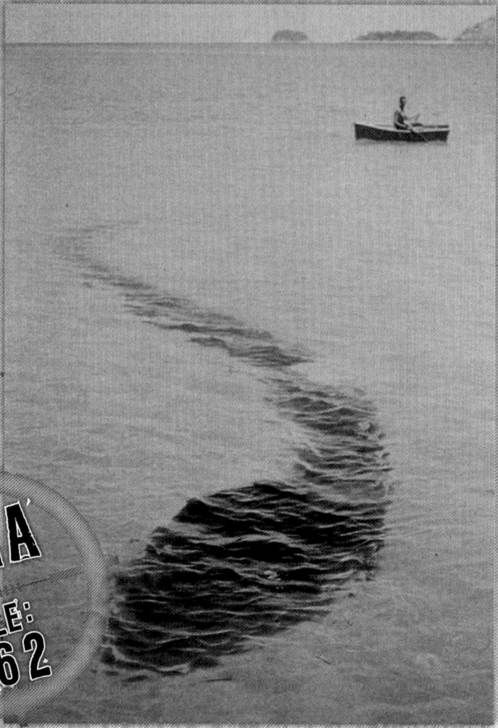

▼1964年12月，法国摄像师洛赛列克拍的大海蛇照片。由照片可推测，大海蛇的身长至少有20米。

目击次数最多的海栖型未知生物

　　大海蛇身长20—60米，是一种巨大的未知生物，恐怕也是所有海栖型未知生物中拥有最多、最古老目击案例的生物。大海蛇的外观根据不同目击者的证词不尽相同，并不是所有目击证词都形容它像海蛇，但几乎每个目击者的证词都会提到大海蛇能用惊人的速度移动，对声音的反应很灵敏，以及可以像鲸鱼一样喷水。

　　公元前4世纪，古希腊学者亚里士多德的笔记上记载着"一条巨大的海蛇袭击了船只"。公元1世纪，古罗马学者老普林尼所著的《自然史》中，也提及了疑似大海蛇的怪物袭击渔夫的故事。而且不管是中世纪还是现代，关于大海蛇的目击记录都

▲康拉德·格斯纳所著的《动物史》（1558 年出版）中，也记载着大海蛇的信息。

▲1848 年 8 月 6 日，英国海军舰队遭到某种巨大鳗鱼的攻击。

▲古人在约 1000 年前画下的大海蛇示意图。图中的大海蛇拥有像马一样的头。

▶大海蛇常被传说描述成海龙或海蛇，但即使是现在也无法调查出其真实身份。

多不胜数。

在近代的大海蛇照片中，最有名的是 1964 年法国摄像师罗贝尔·洛赛列克拍的照片。当时他在澳大利亚昆士兰州的圣灵群岛附近和朋友一起搭游艇，途中忽然看到一个体长约 20 米的怪物蹿出水面。

"我以为水里有一只巨型蝌蚪在游泳，而且那个生物的背上有伤口，我甚至可以看到它身上白色的肉直接裸露出来。"

罗贝尔不但提供了目击证词，还拍下了史上第一张大海蛇的彩色照片。当然，很多人觉得罗贝尔的照片有造假的嫌疑。

人类在海上航行时，往往会畏惧看不见的恐怖威胁，而这个可怕的东西究竟是某种怪兽，还是人类至今仍未发现的新品种海蛇呢？

Ningen

宁恩

出没地点：**南极海等地**

发现时间：**1958年**

身长：**10—20米**

UMA
FILE:
063

▲在海中游泳的宁恩。此照片出处不详，而且真实性存疑。

巨大的人形未知生物

　　宁恩是在网络上迅速成名的海怪。"宁恩"的意思是"人类"，这种怪物还有"人偶"这个别名。顾名思义，宁恩是一种巨大的人形生物。它主要是在南极洲附近被人发现的，身长10—20米，头部和身体都是一片雪白且光滑的。

　　这种生物得以让世人得知，主要归功于网络世界无远弗届。宁恩外形诡异，引发了热烈的讨论，许多相关照片、录像如雨后春笋般冒出。但那些照片和录像的出处不知为何全都无从查证。

　　昭和基地在1958年发现过宁恩，但其外形和现在讨论的宁恩有些不同。当时日本的第一代南极观测船"宗古号"正在南极海上航行，船上有四名组员看到一个诡异的生物正在海面上游泳。

►像翻车鱼的宁恩。此照片也出处不详，连拍摄场所、时间都无法查证。

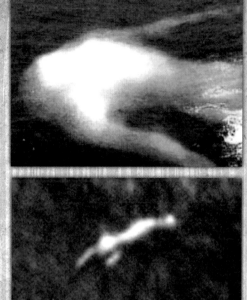

▲1971年4月28日，日本渔船"金比罗丸号"遇到的怪物。虽然当时称这个怪物为"卡巴贡"，但这说不定是宁恩正面第一次遭目击的瞬间。

▲谷歌地图的卫星照片拍摄到疑似宁恩的生物，估计全长约15米。

"那个怪物的头和眼睛又圆又大，还有一对尖耳朵，身长恐怕有15米吧！"

1971年，日本宫城县的渔船"金比罗丸号"航行至新西兰利特尔顿半岛海域时，船上人员突然看到宁恩在附近出没。包括船长在内的26名船员都在30米的距离内看到了一个眼球、鼻孔的直径有15厘米的巨大怪物，它浮出水面大约2米高。

甚至在最近的谷歌地图中，在非洲纳米比亚海域也意外拍摄到了疑似宁恩的生物。

这个现代版的海怪究竟存不存在？无论如何，想必宁恩在未来会持续成为众人讨论的话题吧！

127

格罗布斯特

UMA
FILE:
064

▲ 2010 年 3 月，于加拿大东部发现的不明生物的无头尸体。

奇怪的尸体

世界各国的海滩都曾出现这种名为"格罗布斯特"的奇怪物体。它没有固定的形状，像某种巨大生物的尸体。最初的发现记录在 1960 年，当时是暴风雨过后，一个不明物体漂流至澳大利亚塔斯马尼亚岛的西岸上，看起来像吸水后膨胀的尸体。

这个物体大致呈圆形，中央部位较丰满突出，直径约 6 米，重量估计有 5—10 吨，表面覆盖着短毛，没有五官和骨骼。

不知为何，此物体一直没有被处理。在将其丢置 2 年后，澳大利亚联邦科学机构才派遣布鲁斯·墨利森进行调查。墨利森表示："调查后发现，此物并非动物或植物，而且其中没有鱼鳍或口齿，或许是某种未知的生物。"

▲于2003年6月漂流到智利海岸的格罗布斯特，调查后确认是抹香鲸的尸体。

▲1960年8月的报纸，上面刊登着格罗布斯特被冲上澳大利亚海岸的消息。

◀2010年7月，于冲绳县薮地岛（属宇流麻市，以桥梁与冲绳岛相接）发现的格罗布斯特。

　　墨利森认为此物体或许来自塔斯马尼亚岛附近的海底洞穴，不过他的结论对解释此物体的来源没有什么帮助，只是徒增了更多谜题。

　　之后，世界各国的海滩上都曾出现个同形状的相同物体。美国的未知生物研究专家伊万·山德森将这个物体称为格罗布斯特（Globster），即grotesque（奇怪）、blob（一团物体）、monster（怪物）的复合词。

　　2010年，日本的某片海滩也曾发现这种没有骨头的奇怪肉块。目前，关于格罗布斯特的推测中最有力的说法就是它是抹香鲸尸体的脂肪。只要相关单位愿意检验格罗布斯特的基因，相信所有的事情就一定会水落石出。

129

海象怪

出没地点：美国　发现时间：1945年　身长：不明

Qaqrat

UMA
FILE:
065

▲ 2008 年 7 月，阿拉斯加奴巴尼克岛的海岸上漂来一具未知生物的尸体。或许这是海象怪的幼兽。

▶ 1945 年 4 月 15 日，渔船在拉斯贝里岛海域探测到的疑似海象怪的身影。

在海上横行霸道的恶兽

　　1945 年 4 月，一艘渔船行经阿拉斯加的拉斯贝里岛时，突然发现海底有一个奇怪的身影。他们用声呐扫描海中环境，竟发现计算机描绘出的图片中有一个疑似蛇颈龙的影子。当时的所有船员都认为这是声呐装置操作不当造成的。

　　2008 年，阿拉斯加的奴巴尼克岛海滩上漂来一具奇怪生物的尸体。根据当地原住民口耳相传的传说，那是一直在海上横行霸道的恶兽海象怪（Qaqrat）。Qaqrat 在原住民的语言中是"海象般的野兽"的意思。说不定，所谓的海象怪就是在阿拉斯加海域繁殖的蛇颈龙后代呢！

130

巨型章鱼

出没地点：**美国等地** 发现时间：**1896年** 身长：**30米**

Octopus Giganteus

UMA FILE: 066

▲漂流到美国海滩上的大章鱼。站在旁边的是贝里博士。

漂流到海滩上的超大章鱼

　　1896年，某个巨大生物的尸体被冲到了佛罗里达州的圣奥古斯丁海岸。耶鲁大学的达汀森·贝里博士给这个不知名的生物起了一个"巨型章鱼"的学名。

　　1971年，在化验过这个物体制成的标本后，确定它是章鱼的遗体。

　　传说加勒比海的海底洞穴里，栖息着一只既凶暴又巨大的章鱼。它会用长长的触手将船只拖入海里，对出海的渔夫来说是相当可怕又危险的威胁。也许在世界上的某个海底洞穴中，还有人们从未发现的巨型章鱼吧！

New Nessie

新尼希

真实度 ★★★★☆

出没地点：新西兰海域　发现时间：1977年　身长：10米

UMA FILE: 067

有鱼鳍和触须的未知生物

1977年，日本的远洋渔船"瑞洋号"在新西兰附近的海域捕鱼时，意外捕捞到了一具生物尸体。该生物的死亡时间大约是一个月前，已经有相当程度的腐坏。

该尸体重1.6吨，身长10米，脖子的长度有1.5米，并且连接着一颗大头。尸体有一对鱼鳍，鱼鳍前端有数十根触须。人们将这具尸体取名为"新尼希"。

因为尸体的腐臭味惊人，人们拍摄了数张照片后，便把尸体丢回了海里。

船员后来回忆道："那是我们从来没见过的怪物，而且那种

▲1977年，『瑞洋号』打捞到的不明生物尸体。

▲矢野道彦是将新尼希拍摄下来的船员。

▲放在甲板上的新尼希。

▲新尼希最有可能的身份是姥鲨，姥鲨的身长和新尼希相当。

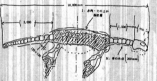

▲根据新尼希就是蛇颈龙的假说画的骨骼重现图。

腐烂的臭味是所有鱼类的尸体都不可能会有的。"

　　日本分析了该生物尸体的触须，结果显示其酪氨酸（氨基酸的一种）的含量和鲨鱼的几乎一样。因此，较有说服力的说法是，这些触须其实是从姥鲨（象鲛）的身体组织上剥落下来的。但不能因此证明这具尸体就是姥鲨的，并完全认定这个世界上没有未知海洋生物存在。毕竟姥鲨没有触须状的身体组织。

　　横滨国立大学的古生物学者鹿间时夫教授说："如果从照片或骨骼的素描来判断，那么它可能是生存在中生代的蛇颈龙的近亲。"

　　宽广的海域里，在古代就该灭亡的蛇颈龙还存在吗？

迷你尼希

出没地点：**英国**　发现时间：**2004年**　身长：**30厘米**

Mini Nessie

▲在英国西南部的海岸发现的小型未知生物。在被确认来历前，这具尸体就默默地消失在了谜团中。

身份至今是一个谜团

2004年，在英国多塞特郡发现了一具古怪的生物尸体，尸体外观很像迷你型的尼斯湖水怪。

迷你尼希身长约30厘米，身体的侧面有两对鳍，鳍上有爪子，嘴里有尖锐的牙齿。

虽然专家认为这具尸体应该是海豚的胎儿，但海豚并没有爪子啊！

尸体被发现后，专家和科学家立刻回收尸体，从此再也没有关于迷你尼希的消息。因此，关于这具尸体的真相至今仍是谜团。

布洛克海怪

出没地点：美国　发现时间：1996年　身长：不明

Block Ness Monster

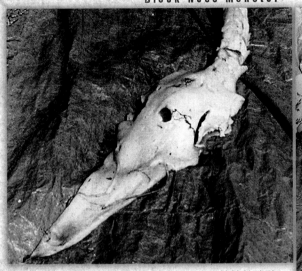

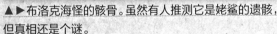
▲▶布洛克海怪的骸骨。虽然有人推测它是姥鲨的遗骸，但真相还是个谜。

有鸟喙的巨大水栖兽

　　1996年，在美国罗得岛州的布洛克岛上，有渔夫捕捞到了怪物的骸骨。这具骸骨缺少下半身，其余部位则包含4.2米长的脊椎、左右两侧有触角的头骨以及鸟喙状的嘴。这具骸骨是在布洛克岛上被发现的，因此被称为布洛克海怪。

　　这具骸骨的后续发展特别离奇。在将骸骨送到专门的研究机构之前，一位海洋生物学者先将骸骨带到了岛上的一栋别墅里，并放在冰库中。

　　隔天，这具骸骨竟不翼而飞。包括该学者在内的人拼命寻找，那具骸骨却再也没有出现在世人面前。

关于水中的未知生物

Lake Monster & Sea Serpent

世上真的有湖神吗?

自古以来,日本一直认为湖泊和沼泽等水域有所谓的"主宰"。虽然那些主宰几乎没有真正地出现过,但传说只要违反"不得下水"的禁忌,里头的主宰就会生气,并且让人类遭受灾厄的惩罚。这些主宰不只是拥有魔力的妖怪,也常常被当成神明祭祀。

虽然这些关于"水中主宰"的描述只是传说,但偶尔会有人因为在古老的湖泊里目击了巨大的生物而受到惊吓,不知道那到底是真的妖怪,还是只是长寿的大鱼。本书介绍的水中未知生物里,说不定就有这样的妖怪或大鱼。

另外,其中也有很多目击案例只是肉眼上的误判而已。例如,湖上因风而起的涟漪,或是湖面上载浮载沉的漂流木,有时会被误认为细长的生物

▶以欧哥波哥为主题的邮票,1990 年由加拿大发行。

136

▶ 假设尼斯湖水怪是蛇颈龙而作的想象图。

背部。偶尔也会不小心把黄鼠狼之类的动物看成从未见过的怪物。所以，为了找出水中的未知生物，首先要判断水面波纹和漂流木跟一般生物拥有的生物特征的差别；然后要找出未知生物跟一般的黄鼠狼、蛇之类的动物明显不同的地方。只要注意以上这两点，就能大概率找到未知生物。

湖怪就是蛇颈龙吗？

躲藏在水中的未知生物被分成了两个最具代表性的种类：一是栖息于湖泊、沼泽等淡水里的"湖怪"，二是在海洋上被人类目击的"大海蛇"。

湖怪以尼斯湖水怪为首，主要是蛇颈龙类型的未知生物。蛇颈龙是一种和恐龙生于相同时代的海洋爬行动物，有不同的种类，例如侏罗纪后期的蛇颈龙、白垩纪后期的薄板龙等。日本福岛县南部的磐城市有蛇颈龙属的双叶龙化石出土。也许我们可以认为，

137

蛇颈龙或其他远古爬虫类能适应淡水环境，因此幸存了下来，现在依然存在于这个世上。

有人类未知的海底世界吗？

大海蛇虽然有"海里的蛇"之意，但其实没有一定的外形，如巨型章鱼、龙、大鳗鱼等，种类可以说是五花八门，只是被通称为"大海蛇"而已。

而它们的真实身份，除了蛇颈龙外，还可能是已适应了现代海洋的远古爬行动物（沧龙或克柔龙），以及现代鲸鱼的祖先、3400万年前的龙王鲸。

此外，大海蛇也算是目击记录中最古老的未知生物代表之一。个中原因也许是，人类自古以来就对海洋有恐惧心理，并且习惯于借助海怪的传说来反映海洋的恐怖。

但是，海洋约占地球表面积的71%，对敬畏海洋的人来说，

海洋同时也是最后未被开发的新天地。所以，还有机会在其中找到未知的生物。

◀ 1亿年前称霸大海的海洋爬行动物克柔龙。

138

在天空盘旋的 UMA

第 4 章

本章将介绍所有
在空中出现的未知生物。
它们嚣张跋扈的姿态，
就像在夸耀自己是天空的霸主。

Big Bird

大怪鸟

▲此照片的主题是"19世纪60年代，于亚利桑那州汤姆斯通郊区击落的巨鸟"。照片中的生物双翅展开的宽度跟翼手龙一样可达10米。但这可能是借着传说造假的照片。

把人类当成猎物的大鸟

　　事件发生在1977年的伊利诺伊州隆德尔镇，当时有一名男童被一只大鸟袭击了。

　　那名男童原本待在家中的院子里，忽然，一只巨大的鸟俯冲而下，抓起男童的背部，想把他带走。虽然男童的体重有30千克，但他的身体仍被大鸟抓离地面约60厘米。

　　男童激烈反抗，并且大叫："你做什么？！走开！"最后，大鸟放开男童，往天空飞走。

　　目前地球上还没有一只飞禽能抓起30千克的重物，而这只忽然出现又马上飞走的未知生物被人们称为"大怪鸟"。

　　2003年，终于有人在美国新罕布什尔州拍到了大怪鸟。当

▲2007年，在纽约出现的奇怪的巨鸟。除了它会发出"叽——"的怪声外，其他相关信息无法查明。

▲阿尔瑟金发现的阿根廷巨鹰标本。难道这就是大怪鸟的真实身份？

▲2003年，观光客在新罕布什尔州的火车上偶然拍下的大怪鸟。

▶2008年9月，在蒙大拿州拍摄到的大怪鸟。

时火车上的游客正在拍摄窗外的鹿群，在偶然的情况下，大怪鸟入镜了。2007年以后，美国各州经常传出大怪鸟的目击报告。

北美原住民自古以来就有雷鸟的传说，传说雷鸟可以引发闪电和打雷。在原住民的壁画遗迹中可以看出雷鸟是巨大的鸟，外形很像远古的翼手龙。

说不定壁画中的这种生物和隆德尔镇的大怪鸟一样，都将人类当成猎物。

如果传说和目击案例中的生物都确实存在，那么大怪鸟很可能是白垩纪后期（约8000万年前）灭亡的无齿翼龙，或是和现今的安第斯秃鹰相似、生存于600万年前的阿根廷巨鹰。

真实度 ★★★★★

罗潘

出没地点：**巴布亚新几内亚**　发现时间：**1944年**　身长：**6—9米**

Ropen

UMA
FILE:
071

▲ 2009 年拍摄到的罗潘。不过罗潘的出没时间是夜晚，因此，很可能是拍摄者将海鸥错认为罗潘了。

▲见过罗潘的美国军人德威·何吉金森。

▶乔纳森·温德哥姆访问温博伊岛居民，并根据证言画下了罗潘。其外观如同长有长尾巴的喙嘴翼龙。

黑暗中会发光的神秘翼龙

　　巴布亚新几内亚的温博伊岛盛传着疑似喙嘴翼龙的怪物的传说。1944年，第二次世界大战期间，美国军人德威·何吉金森目击了一个爱吃尸体的凶暴生物。当地人称它为罗潘，是"飞天恶魔"的意思。这个生物没有体毛，双翼的中央各有三根手指，喙部细长，牙齿尖锐。此外，更有人曾看到这个怪物在夜空中发光。

　　2004年，一个名叫乔纳森·温德哥姆的记者也曾看到罗潘。可惜的是，到现在都没有近距离的目击报告，以及足以当成罗潘存在的证据的照片。

142

吉那佛罗

出没地点：**塞内加尔**　发现时间：**1995年**　身长：**1.2米**

Guiafairo

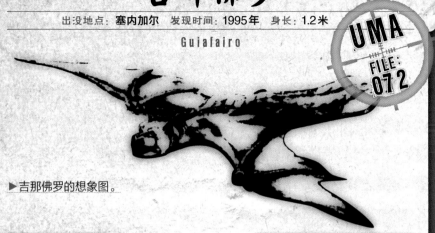

▶吉那佛罗的想象图。

▶根据目击者的描述绘成的示意图。吉那佛罗看起来像正在飞行的人类。

◀对未知生物持否定看法的人通常认为大家将大蝙蝠错认为吉那佛罗了。

让目击者遭受死亡厄运的生物

　　吉那佛罗是塞内加尔南部的诡异未知生物。吉那佛罗身长约有1.2米，但有时候会变得跟人类住的屋子一样巨大。它会飞行，也会散发恶臭，不论什么建筑物都能入侵，并能自由自在地凭空消失。当你遇到这个怪物时，光是看到它那血红的眼睛，你就会感到呼吸困难。1995年，一名男子遇到了吉那佛罗，当场昏迷不醒。男子被带到医院检查身体时，全身出现了过度暴露于辐射环境的症状。

　　有人认为吉那佛罗是一种大蝙蝠，但世上从未有过看了大蝙蝠会让身体状况恶化的案例。

康加马托

出没地点：**喀麦隆、肯尼亚等**　发现时间：**1932年**　身长：**1.5—2.5米**

Kongamato

◀康加马托袭击村民示意图。虽然康加马托的体格不大，但它尖锐的喙部增添了不少危险性。

▲生于侏罗纪中期的喙嘴翼龙的化石。

非洲的凶暴怪物

　　1932年，美国生物学者伊万·山德森前往喀麦隆山区，在途中被两个大型怪物攻击了。他对空开枪，千钧一发之际终于躲开危险。一个怪物被击中后掉入河谷，另一个则不畏枪炮飞走了。他后来才知道那是连人类都不怕的凶暴怪物康加马托。

　　康加马托在当地语言里的意思是"摧毁小船的坏蛋"，主要出现地点是湿地。

　　康加马托双翅展开的宽度为1.5—2.5米，它有蝙蝠般的翅膀和尖锐的牙齿。根据推测，它很可能是于侏罗纪晚期灭绝的喙嘴翼龙。

真实度 ★★★★★

天空飞鱼

出没地点：**世界各地**　发现时间：**1994 年**　身长：**数厘米至 30 米**

Skyfish

UMA
FILE:
074

第4章

在天空盘旋的 UMA

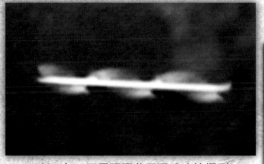

▲▶ 1994 年，于墨西哥燕子洞成功拍摄到天空飞鱼。

◀关于天空飞鱼的来历，有个假说是奇虾经过演化成为飞行生物。

豆知识 MEMO

！

在较暗的场所，用相机拍摄昆虫或鸟类时，常常会因为它们的翅膀快速拍动而产生"动态模糊"现象。

肉眼无法看见的超高速生物

　　1994 年，霍瑟·艾斯卡米拉在墨西哥南部世界最大的纵向洞穴燕子洞里，拍摄到了一种棒状的飞行生物，之后在世界各地也接连拍摄到相同的生物。这个生物名为"天空飞鱼"，可以用人类无法目测的高速在空中飞行。它偶然被拍摄到的照片很多。

　　关于天空飞鱼的身份，有人猜测是 5 亿年前生存于寒武纪的远古鱼类奇虾。另一方面，很多人认为这些照片可能是摄像器材捕捉飞虫移动的画面时产生的残像，也就是所谓的"动态模糊"现象。但有很多目击案例不符合上述两种推论。

145

真实度 ★ ★ ★ ★ ★

出没地点： **美国**

发现时间： **1966年**

身长： **2米**

天蛾人

UMA
FILE:
075

带来诅咒的恶魔使者

　　这个怪物没有头，肩膀上有一双红眼，张开双翼的宽度可达3米，全身布满灰毛。在美国东部的弗吉尼亚州有一座名为"欢乐"的小镇，天蛾人这个充满谜团的未知生物使这座小镇堕入了恐怖的深渊。天蛾人第一次出现是在1966年，最初的目击者是正在开车的两对夫妻（罗杰·史考贝里夫妇和史蒂夫·麦列夫妇）。当时他们发现车外有个怪物正一边发出尖锐的"叽！叽！"的叫声，一边在空中跟踪他们。这个诡异事件被媒体报道后，这个有着奇特样貌的怪物被命名为天蛾人。

　　之后，欢乐镇上开始传出目击天蛾人的消息。诡异的是，在天蛾人出现时间点前后，常常有人目击UFO出现在天空中。

◀天蛾人样貌的示意图，从双眼里散发出诡异的红光。

▲ 2003 年 11 月，在俄亥俄州的桥上拍摄到的疑似天蛾人的身影。也许天蛾人仍潜伏在地球上！

▲ 1967 年意外断裂的银白大桥。许多人认为意外发生的原因跟天蛾人和 UFO 脱不了干系。

◀天蛾人袭击史考贝里夫妇的示意图。天蛾人以时速 160 千米的速度追赶史考贝里当时驾驶的车。

在这些目击事件中，发生过一个悲剧。

1967 年 12 月 15 日，镇上的银白大桥因为河水暴涨而断裂，共有 46 名罹难者。当天夜里，大桥附近的居民看到约有 12 个 UFO 在上空盘旋，但没有任何证据可以证明 UFO 和大桥断裂的意外有关。欢乐镇在这个意外过后，就再也没有传出天蛾人的目击报告。

另外，以此怪物为主题的电影《天蛾人》在 2002 年公开上映。不久，该影片的许多工作人员纷纷离奇死亡，关于"天蛾人诅咒"的传闻不胫而走。

虽然天蛾人的身份未明，但其目击消息常常会跟 UFO 扯上关系。因此，也有人认为，天蛾人或许是外星人带来地球的某种未知生物。

飞人

出没地点：**墨西哥**　发现时间：**1999年**　身长：**1—2米**

Flying Humanoid

◄ 2000年3月，沙巴德雷·盖雷洛于墨西哥拍摄到的飞人。

► 2000年3月，阿玛德·马肯斯在墨西哥拍摄到的飞人。2000年突然现身的飞人为什么能飞翔于空中？这个问题仍是一个未解之谜。

神秘的人形飞行生物

　　1999年，墨西哥首都墨西哥城的古代遗迹上空，突然出现一个人形的飞行生物，人们称它为"飞人"。这个生物没有翅膀和降落伞，身高1—2米。

　　2000年，阿玛德·马肯斯和沙巴德雷·盖雷洛在墨西哥相继拍摄到飞人照片。

　　这种未知生物可以在天空自由地飞翔，因此在世界各地都看得到它的踪迹。

　　除了能飞行的超能力者和经过基因改造的人类外，有人认为飞人应该是外星人。至今，这个问题仍是一个未解之谜。

真实度 ★★★★★

阿斯旺

出没地点：**菲律宾**　发现时间：**16世纪**　身长：**1.5—1.8米**

Aswang

UMA
FILE:
077

第4章　在天空盘旋的UMA

◀2006年5月，在巴拉望岛上拍摄到的疑似吸血女魔的生物。

◀▲由此可知，吸血女魔有蝙蝠般的翅膀，但身体很像人类。

美女与吸血鬼的化身

在菲律宾巴拉望岛的丛林中，据说有一种名为阿斯旺的吸血女魔出没。

早在16世纪，就已经有吸血女魔的目击记录了。当地人听到这个传说中的妖怪时，无不闻风丧胆。据说吸血女魔只会在满月的夜里袭击男性，平时会在白天化为美女让人类放下戒心，到了晚上就会变为长着蝙蝠的双翼、狗头和蜥蜴身的妖怪，并且用尖锐的爪牙猎取鲜血。

2006年，一部设于民宅顶楼的相机意外地拍摄到了一种疑似吸血女魔的巨大生物，然而真相至今未有定论。

149

有翼猫

出没地点：**世界各地**　发现时间：**1899年**　身长：**拥有各种不同的身形**

Winged Cat

◀2009年，于中国四川省发现的有翼猫。

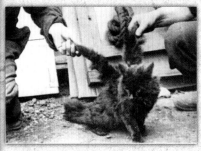

▲1975年，于英国曼彻斯特的公园里发现的有翼黑猫。难道猫的体内有飞行生物的基因或某种生物本能？

想要振翅高飞的猫

"有翼猫"是世界各地都曾出现过的真实生物。1899年，这种奇妙的猫初次在英国萨默塞特郡被发现；2009年，在中国四川省也发现了类似的猫。有翼猫的目击次数加起来多达140次。

这种有翼猫通常不会飞，不过，1966年，曾有人在加拿大安大略省目击有翼猫靠着助跑飞了起来。据说当时它竟然飞离地面30厘米高。关于翅膀，许多人认为那是结块的体毛或由皮肤病造成的块状物。但如果有翼猫飞起来是事实，这些推论就无法说明其翅膀的来历。

鸮人

出没地点：**英国**　发现时间：**1976年**　身长：**1.5—1.8米**

Owlman

▲1976年4月，梅林格姊妹目击的鸮人。

▲1976年7月，十四岁的莎莉目击并画下了鸮人的示意图。鸮人的双脚带有钩爪，在树上会发出"咔叽、咔叽"的叫声。

▲鸮人曾在英国康沃尔郡莫曼村的教堂上空出现。

只有少女见过的奇怪生物

　　1976年到1978年，在英国康沃尔郡莫曼村不断有人目击一种神秘生物出没。

　　有一天，梅林格姊妹在教堂上空看到一个奇怪的生物正在飞行。后来，一些约十岁的女孩都看到了相同的怪物。这种怪物被人们称为"鸮人"。

　　这种怪物耳朵突出，因此，有人推测，女孩们只是将雕鸮误认为怪物了。也有人说那是一种像猫头鹰的外星人。

　　可惜的是，1978年以后，就再也没有人目击过鸮人了。

绝种生物还活在世上吗？

Lake Monster & Sea Serpent

恐怖的隆德尔事件

在所有飞行类未知生物的目击报告中，最恐怖的是前面提到的"隆德尔事件"。本书在此详细地说明经过。

1977年7月26日，伊利诺伊州隆德尔镇一个名叫马龙·罗乌的男孩正和两位朋友在家中的院子里玩耍。

"啪沙！啪沙！啪沙！"

突然传来一阵诡异的拍翅声，两只大鸟从天而降，其中一只瞄准孩子们，露出尖锐的爪子扑了下来。

其中一个小孩边哭边逃开，罗乌则因为太害怕而呆住了。正当巨鸟将罗乌抓起来准备带走时，听到孩子的尖叫声而赶来院子里的罗乌妈妈立刻放声大叫："快放了我的儿子！"后来，大怪鸟只好把激烈抵抗的罗乌放开，随即飞离现场。

虽然有人认为此大怪鸟可能是体形较大的安第斯秃鹰，但研究显示，安第斯秃鹰最重的也只有10千克左右，不可能将30千克重的罗乌抓到半空中。

所以，未知生物学者认为，当时的大怪鸟可能是在1万年前灭绝的"远古巨秃鹰"。既然广大的美洲大陆上有翼幅5米的大鸟生存着，那么它们很可能将小孩错当成小动物，并袭击他们。

袋狼真的绝种了吗？

顾名思义，未知生物学是专门研究人类未发现的生物的学问，研究范畴不只是不可思议的未知生物，也涉及已经绝种的生物——除了恐龙和翼手龙这些远古动物，还有近数百或数十年间因为人类猎捕或环境破坏而绝种的动物。其中也有本应绝种却偶尔传出相关目击报告的生物。

比如澳大利亚塔斯马尼亚岛的袋狼。袋狼和袋鼠一样属于有袋类

◀十岁的马龙·罗乌曾被神秘的大怪鸟袭击。

哺乳动物，拥有野狼般的外观。除此之外，袋狼更有"塔斯马尼亚虎"的别称。

　　虽然袋狼自远古时期便存在于澳大利亚，但是，自从人类于3万年前迁居澳大利亚，就让袋狼开始迈向绝种的命运。人类圈养的家畜中，有一种名叫Dingo的犬种。Dingo经过繁殖，在澳大利亚成为侵害袋狼生态的澳大利亚野犬。本来生存于塔斯马尼亚岛的袋狼没有天敌，因为人类引进了外来生物，袋狼于1936年完全绝迹。

　　然而，不可思议的是，近年来，许多人宣称自己"看到袋狼了"。例如，2010年11月，马列·马考里斯特在澳大利亚里奇蒙郊区的草原上发现了疑似袋狼的生物，他将其拍了下来。虽然可能是肉眼上的误判，不过，要是袋狼真的还存活在世上，应该要及早开始保护吧！

◄上图为袋狼标本。下图是2010年拍摄到的疑似袋狼的生物。

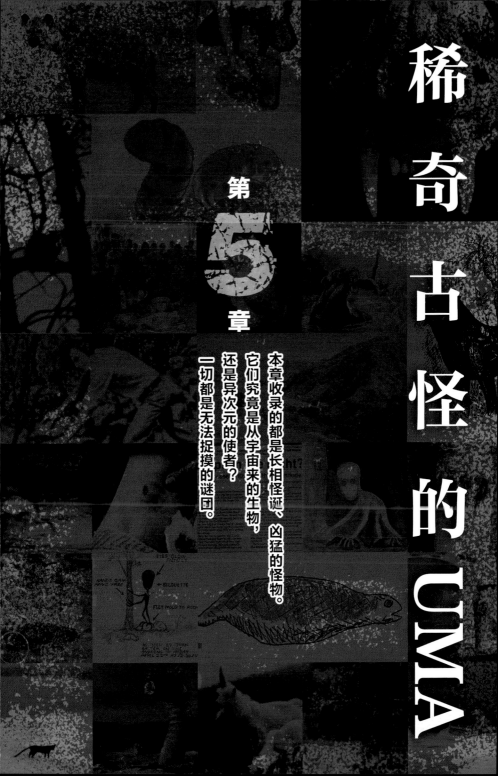

稀奇古怪的UMA

第5章

本章收录的都是长相怪诞、凶猛的怪物。它们究竟是从宇宙来的生物，还是异次元的使者？一切都是无法捉摸的谜团。

真实度

★

出没地点：波多黎各等地　发现时间：1995年　身长：90厘米

卓柏卡布拉

UMA FILE: 080

杀害家畜的吸血怪兽

　　从美国到巴西等地，美洲各国经常传出卓柏卡布拉的目击报告。卓柏卡布拉虽有"吸羊血者"之意，但它猎杀的对象不止山羊。从牛、绵羊到鸡等家禽，甚至猫、狗等宠物，都是卓柏卡布拉的盘中餐。

　　这个怪兽第一次出现是在1995年。当时波多黎各的某片农场里有八只羊被卓柏卡布拉杀害了。当地人以为这是某种野生动物犯下的罪行，但检查过羊的尸体后立刻改变了看法，因为羊的尸体内的血液全都像被抽光了一样。

　　同年，在波多黎各的郊区，一位女性意外撞见了不明生物

156

▲网络上流传的卓柏卡布拉的照片。由于照片的详细信息不明，很多人质疑其真实性。

▶根据波多黎各的警察艾力杰·迪亚斯的证言画的卓柏卡布拉。卓柏卡布拉可以用冰锥般的舌头吸取生物的鲜血。

◀▲根据目击证词画出的卓柏卡布拉。由此可见，卓柏卡布拉并非一般生物。

出没。之后，附近的村庄内突然出现大量血被吸干的家畜尸体。

　　波多黎各的兽医卡利欧斯·梭特检查过动物尸体后表示："这些尸体的头部上方或下巴附近都有直径约1厘米的小洞，除此之外，无任何外伤。一般肉食性动物无法制造出这种伤口，也许凶手是利用某种尖端较硬的器官来凿穿家畜的头部的。"

　　后来，不只是波多黎各发生目击卓柏卡布拉的事件，美洲其他地区也接连出现卓柏卡布拉的踪迹。2011年，墨西哥普埃布拉与瓜纳华托的农家在短短50天内死掉了300多只羊。

　　之后，更传出卓柏卡布拉攻击人类的消息。

◀2003 年 11 月，在智利的康塞普西翁发现的奇怪的生物头骨，上面的利齿不禁让人怀疑这是卓柏卡布拉的头骨。

◀墨西哥哈利斯科州的霍瑟·安海尔·普立德被疑似卓柏卡布拉的生物袭击了，此为当时留下的伤口。

▲ 1998 年 11 月，美国内布拉斯加州的军事基地遗迹中留有的不明生物的木乃伊。难道卓柏卡布拉是军方实验造出来的怪物吗？

2004 年 7 月 8 日晚上，霍安·阿秋纳巡视牧场时，看到了一大一小两个卓柏卡布拉。阿秋纳以为是野狗，但下一秒，两个疑似野狗的生物双眼闪着精光，突然跃上空中向他袭击而来。阿秋纳和卓柏卡布拉扭打起来，他认为自己可能会有生命危险，决定溜之大吉。阿秋纳在逃跑时又发现了更令人诧异的恐怖的事情。

"那两个怪兽居然用翅膀飞着追了过来！"

阿秋纳仓皇地跳进附近的河川中，才终于逃出卓柏卡布拉的魔掌。

目击证人表示，卓柏卡布拉身长约 90 厘米，头部呈蛋形，眼睛是红色的，脸上有疑似鼻孔的两个小洞，嘴巴内上下各有两颗尖牙，还有

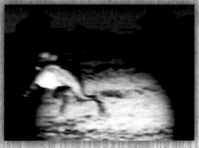

▲ 2001 年 6 月，于智利的卡拉马地区拍摄到的卓柏卡布拉。它因为被车灯照射而现出了踪迹。

▲ 2001 年 5 月，于墨西哥的森林中拍到的卓柏卡布拉的身影。

▲ 2011 年，墨西哥中部，一群被卓柏卡布拉杀死的家畜。

一条30厘米长的舌头，舌头前端十分尖锐。卓柏卡布拉会用两只脚行走，三根脚趾呈钩爪状；其中有可以用翅膀在空中飞的种类，性格相当凶暴、残忍。

　　人们对卓柏卡布拉的身份有诸多猜测。有人认为它们是美国科学家运用基因工程创造出的"突变生物"。此外，在目击卓柏卡布拉的时间点，有极高的概率同时传出UFO的目击报告。所以，有人推测，卓柏卡布拉是外星人带来地球的外星生物。

　　当然，以上都是假设。目前只能希望在影响持续扩大之前，将卓柏卡布拉带来的问题全数解决。

Alien Big Cat

异形巨猫

真实度

★

出没地点：英国等地

发现时间：18世纪

身长：0.6～1.2米

UMA FILE: 081

▲登上英国头条新闻的异形巨猫。

拥有瞬间移动能力的魔兽

　　异形巨猫（Alien Big Cat，简称ABC）是英国知名的未知生物。"Alien"一词并不是指它是外星人，而是"外来的"之意。

　　异形巨猫外观形似美洲狮或黑豹，有黑色、茶色的毛，就像一只大型的猫科动物。

　　当然，英国不可能会出现美洲狮或黑豹。异形巨猫的性格凶暴，有时会攻击人类和家畜。

　　异形巨猫的目击历史相当悠久，据说18世纪就有其目击记录。不过，目击报告急速攀升则是从1962年开始的。而且，根据英国大型猫科动物协会的记录，2004年至2006年间，目击记录累积了2000多条。

▲2009年2月，英国格洛斯特郡的铁轨上有一只巨大的异形巨猫。

▲此照片只知道是在英国拍摄到的异形巨猫，详细信息不明。

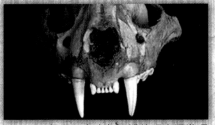

▲1995年，一名少年于博德明高沼发现的奇怪的头骨。后来，调查发现这是幼豹的头骨。难道它是异形巨猫的真面目吗？

◀根据目击证词描绘的异形巨猫示意图。

2002年，苏格兰女子科琳·伊丽莎白曾遭到异形巨猫的攻击。当时她正奋勇抵抗，眼前突然发生了不可思议的怪事。

"那个怪物像蒸发了一般在我的面前消失了。而且，我仔细一想，它一开始也像是突然从别的空间冒出来对我发动攻击的。"

没错，异形巨猫拥有瞬间移动的超能力。而且，因为拥有这个超能力，它似乎也曾在美国、新西兰等地现过身。

虽然有人推测异形巨猫是已经绝种的欧洲山猫，或是从动物园逃出来的猫科动物，但是在所有有嫌疑的动物中，没有一种拥有瞬间移动的超能力。也许在这个世界上，某些野生动物真的拥有这样的超能力吧！

多佛恶魔

真实度 ★★★★

出没地点：美国

发现时间：1977 年

身长：1.2 米

UMA
FILE:
082

▲ 1977 年 4 月 21 日出现的多佛恶魔的示意图。

只现身三天的大头怪物

　　在美国马萨诸塞州的多佛，一个神秘的怪物突然出现在宁静的住宅区里。1977 年的春夜，这个怪物突然在当地现身。在短短的三天内，许多人都目击了它的行踪；三天后，它消失在黑暗里。未知生物研究专家罗连·高曼将这个怪物取名为"多佛恶魔"。

　　第一个目击者是十七岁的少年威利安·巴特雷。当时他和朋友正驾车兜风，他突然发现道路旁有个伏在石头上的怪物。他们用车灯照着怪物，怪物先是朝车子的方向转过头来，接着便消失在黑暗中。

　　巴特雷描述了该怪物的长相："那玩意儿没有鼻子、嘴巴和

▶巴特雷目击多佛恶魔两小时后，十五岁的少年约翰·巴斯特也目击了其身影。

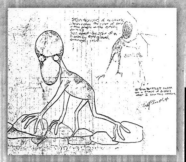

▲巴特雷重现了多佛恶魔的姿势，上图是基于目击证词描绘出的示意图。

EYES GLOW FAINTLY

HANDS GRIP
HING TREE

SILOUETTE

FEET MOLD TO ROCKS

◀巴特雷画下的多佛恶魔示意图。

耳朵。只能看到它有一双红色的大眼，而且没有眼睑。"

多佛恶魔的眼睛会散发出橘色的光芒，头部和身体的大小几乎一样。它的脖子和四肢看起来很细长，全身没有体毛；皮肤看起来像铺着沙粒一般粗糙，颜色介于粉红色和米白色之间。

当时，各大新闻媒体闻讯后纷纷前往多佛采访。

这个新闻在短时间内迅速传遍美国各地，只是这个怪物不再出现在人们面前。

有些人认为多佛恶魔是某种妖精或某种逃跑的猴子，也有人说，多佛恶魔是外星人用于实验的活体动物。不论是哪种推测，都缺乏有力的证据。

泽西恶魔

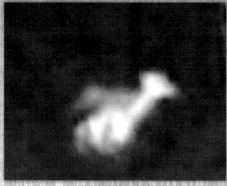

◀▼ 2010 年 2 月，于美国的绿地中以红外线相机拍摄到的疑似泽西恶魔的身影。

真实度 ★★★

出没地点：美国

发现时间：1735 年

身长：1.2—1.8米

UMA
FILE:
083

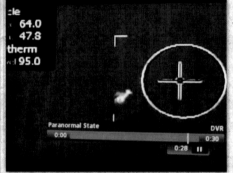

用锐齿袭击家畜的恶魔

　　200多年前，在美国新泽西州流传着一个关于某种未知生物的故事，这个生物被称为"泽西恶魔"。

　　记录显示，第一次目击事件发生在1735年，地点为美国新泽西州的森林地带。一位名叫莉兹的妇女正抱着自己的第十三个婴儿，婴儿突然变大，并且长出马脸和蝙蝠的双翼，变身为恶魔的样子，最后消失在夜空中。

　　据说，那个婴儿之所以会出现这样的异变，是因为当时莉兹正在举行某种魔法仪式。

　　虽然这很可能是有心人士杜撰的故事，但后来确实出现了泽西恶魔的目击报告。

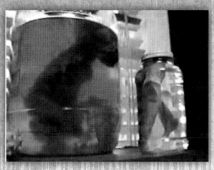

▲网络上盛传的"泽西恶魔胎儿"，其真实性有待查明。

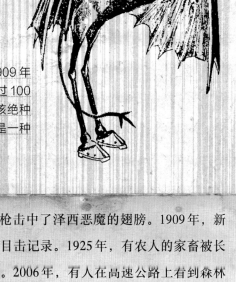

▶此图为泽西恶魔的示意图。自1909年开始，泽西恶魔的目击证言已超过100份。有人认为泽西恶魔可能是本该绝种的翼手龙，也有人认为泽西恶魔是一种诡异的恶魔。

19世纪初期，一名男子用枪击中了泽西恶魔的翅膀。1909年，新泽西附近陆续出现泽西恶魔的目击记录。1925年，有农人的家畜被长有尖锐牙齿的生物袭击并杀害。2006年，有人在高速公路上看到森林地带有疑似翼手龙的生物在空中飞行。

关于泽西恶魔的真实身份，有人推测它是恶魔，而不是现代生物；也有人认为它是远古时代的翼手龙，躲藏在洞窟中幸存并演化至今，翅膀仍然存在，但是身体已演化成似马非马的形态。1999年，有人为了调查泽西恶魔的存在，成立了名为"泽西恶魔猎人"的研究团体。长年来，他们持续记录泽西恶魔的足迹和叫声，现在仍为了找出真相而不断努力着。

Lizard Man

蜥蜴人

出没地点：美国

发现时间：1988年

身长：2米

▲警察在蜥蜴人的出没现场发现了可疑的足迹，于是用石膏制成了足迹模型。此足迹相当大，长约35厘米，宽约10厘米。

UMA
FILE:
084

全身有黏液及绿鳞的怪物

　　1988年的某天夜晚，美国南卡罗来纳州比夏普维尔地区的花葶矿沼泽附近发生了一桩离奇的事件。

　　克里斯多夫·戴维斯在路上更换轮胎时，忽然看到一个奇怪的生物朝自己走过来。当这个生物靠近戴维斯时，他发现该生物全身黏滑，覆盖着闪闪发光的绿鳞，身高大约有2米。他仔细看，还发现这个生物眼泛红光，双手双脚各只有三根带钩爪的指头。

　　戴维斯回想道："那个家伙的脸和蜥蜴一模一样。我觉得苗头不对，立刻冲回车上，开车逃跑。过了一阵子，我发现那家伙竟然追了上来。直到顺利逃走后，我才松了一大口气。"

▲戴维斯的车被蜥蜴人锐利的爪子划伤了。

Bumps in the night?
Lee County seeks 'lizard' with bad attitude

▼1988 年 6 月 29 日，报道戴维斯遭到蜥蜴人攻击的新闻。

后来，该地区不断传出该生物的目击报告。

渐渐地，大家开始称该生物为"蜥蜴人"。警方经过调查，顺利地采集到了蜥蜴人的足迹，并且做成了石膏模型交给美国联邦调查局。

蜥蜴人事件在当时有越闹越大的趋势，当地的广播公司趁势发布了"活捉蜥蜴人者，可以获得100万美元奖金"的公告。于是，一夕之间，比夏菁维尔涌入了大批凑热闹的观光客和猎人。

蜥蜴人在1988年出现后，就再也没有其他目击消息了。有人猜测蜥蜴人是异次元生物或外星人。

夜行者

出没地点：**美国**　发现时间：**2011年**　身长：**0.5—1米**

Night Crawler

◀▲在晚上出没的夜行者。跟在后方的小夜行者难道是它的孩子吗？

没有躯干的未知生物

2011年，美国加州约塞米蒂国家公园附近的一座民宅里，宅邸的主人在屋顶设置了一架红外线摄影机。某天晚上，这架摄影机拍摄到奇异的人形未知生物在悠哉地走动。

录像中可以清楚看见，有两个白色影子在道路上行走。白影除了头部和呈圆规状的双腿外，没有其他部位。最令人感到不可思议的是，这两个白影没有躯干，人们称这两个白影为夜行者。

夜行者的目击记录较少，为了让相关研究顺利进行，许多人仍期待着新的目击报告。

青蛙人

出没地点：美国　发现时间：1955年　身长：1.2米

Loveland Frogman

▲于近年拍摄到的疑似青蛙人的照片，但照片的出处始终不明。

非洲喀麦隆有体重可达3千克的霸王蛙，但这种青蛙无法用双脚行走。

▲1972年，根据目击证词画的青蛙人示意图。

形似两栖动物的人形生物

美国俄亥俄州的小迈阿密河附近，据说有青蛙人出没。

第一次目击记录是在1955年，时间为下午3点。当时，一个企业家看到了三个皮肤黏滑、用双脚走动、头部很像蛙类的生物。

另外，1972年3月3日凌晨一点，一个名叫马克·马修斯的警察开着警车夜间巡逻时遇到了青蛙人。青蛙人一被车灯照到，便立刻跳进了小迈阿密河里。

虽然青蛙人的目击记录很少，但小迈阿密河说不定每到夜间都会有青蛙人出没呢！

黑犬兽

出没地点：**英国**　发现时间：**16世纪?**　身长：**80厘米**

Black Dog

▲黑犬兽在教堂里留下的爪痕。爪痕上有被火烧过的焦黑的痕迹，或许当时黑犬兽的爪子正在燃烧。

▲▶ 2007年，意外拍到的神秘黑色野兽。难道这就是黑犬兽吗？

随着雷电现身的地狱犬

　　黑犬兽是英国德文郡盛传的怪物，它有个可怕的别称——地狱犬。1577年，英国萨福克郡突然有一只黑犬兽伴随着雷电出现。当地居民一看到黑犬兽便纷纷逃进教堂，但黑犬兽竟用一种不可思议的力量从教堂的大门钻了进去。许多居民命丧黑犬兽的爪牙之下。黑犬兽离去前还将爪痕留在教堂内，目前该教堂仍保留着当年的爪痕。

　　2007年，有人在德文郡的达特穆尔拍摄到了传说中的黑犬兽。或许黑犬兽已经不能算是动物了，而是一种幽灵般的存在。

真实度 ☆☆☆☆☆

羊人

出没地点：**美国**　发现时间：**1925年**　身长：**2米**

Goatman

UMA
FILE:
088

第5章

稀奇古怪的 UMA

▶羊人示意图。

▲羊人出没的艾利森溪谷是一个极荒凉的地方。

◀2012 年 6 月 15 日，犹他州萨吉山的森林管理员拍摄到了一个不明生物。虽然这可能是穿着布偶装的人类，但为何要在荒野中这么做呢？

军方秘密工厂实验的产物

　　羊人，顾名思义，是一种像人又像羊的怪物，主要出现在美国加州的艾利森溪谷。

　　1924年，附近的一家工厂关闭了。

　　1925年，传闻这个地方住着一个长满灰毛的羊人，它的头上有一对似羊的犄角。

　　据说这家工厂曾是军方的秘密基地，因此，有人认为，羊人是在军方实验下诞生的人羊混合怪物。

　　1964年，一群前往当地踏青的少年曾目击羊人的身影。

Tsuchinoko

槌子蛇

出没地点：日本

发现时间：公元前4000年

身长：30—80厘米

真实度 ★

▼1973年，由西武百货公司印制的槌子蛇通缉令。只要你抓到槌子蛇，就重重有赏！

日本最古老的神秘生物

　　槌子蛇是日本最具代表性的未知生物之一，目击次数很多，北起青森县，南至鹿儿岛，除了北海道和日本西南诸岛外，日本境内各地都曾出现过槌子蛇的踪迹。

　　日语里的"槌子蛇"以汉字写成的话是"槌之子"，因为槌子蛇的体形很像古时候的农民敲打稻草束用的手槌。根据地域的不同，槌子蛇有各种不同的称呼。

　　槌子蛇的目击历史悠久，在公元712年完成的《古事记》中，可以看到旷野之神"野槌蛇"的记载。在岐阜县高山市飞驒民俗馆也看得到以槌子蛇为模型制造出来的土器，大约是6000年前日本绳文时代留下来的。

　　虽然槌子蛇的历史可追溯至数千年前，但它一跃成名是在

▲ 1988 年，于奈良县下北山村组成的槌子蛇探险队。

1959 年，散文作家山本素石先生遇到了槌子蛇。

当时山本先生和朋友在京都的山区钓鱼，忽然有一个像啤酒瓶的生物跳了出来。山本先生慌张逃走，之后和当地耆老说了这件事。

老人听了山本先生的陈述后说："那是槌子蛇，它们看准猎物后，会先用身体用力冲撞，再咬住不放，然后用毒液毒杀猎物。"

山本先生将自己的经历提供给杂志社，之后这个事件成为一时的话题。有人组织起了槌子蛇调查队。槌子蛇甚至成了电视节目、漫画的创作题材。一时间，日本社会产生了第一次槌子蛇风潮。

可惜的是，在第一次槌子蛇风潮下，不但没人能活捉槌子蛇，就连它的尸体也没人发现。所以，这股风潮就渐渐冷却了。

1988 年，日本境内有很多地区经常传出槌子蛇以及疑似槌子蛇尸

▲根据福冈县目击者的证词描绘出的槌子蛇。此图中的槌子蛇全长约30厘米，身体颜色和日本锦蛇一样鲜艳。当目击者靠近时，它便立刻以毛虫蠕动的方式逃跑。

▲新潟县小千谷市某居民保留的疑似属于槌子蛇的遗骨，全长约50厘米，而且弯成"〈"字形。

▲根据兵库县女性目击者的描述画出的槌子蛇。此图中槌子蛇的外观就像啤酒瓶形状的胖胖的山椒鱼。

◀江户时代的妖怪画册里有关于"野槌蛇"（槌子蛇）的介绍。

体的目击事件，这一次，全国各地许多人自主结成调查队，产生了第二次槌子蛇风潮。

在这段时间里，奈良、岐阜、广岛等地区目击槌子蛇的事件最多。当时，许多地方政府发布了活捉槌子蛇可以获得奖金的悬赏公告。就这样，日本全国开启了槌子蛇搜索风潮。

其中最令人惊讶的是，兵库县宍粟郡千种町（今宍粟市）的悬赏金额竟然高达2亿日元（约1300万元人民币），即使是尸体也能获得1亿日元的超高额奖金。

虽然在第二次槌子蛇风潮过后，日本境内仍有相关目击报告，但总数已逐渐减少。2005年，冈山县赤磐市发现了疑似槌子蛇的尸体。但动物专家认为那是虎斑游蛇的尸体，只是其体内有尚未消化完的食物罢了。

▲ 2007年4月1日，于山形县的牧场发现了疑似槌子蛇的动物尸体。但也有可能是澳大利亚死亡蛇。

▲除了有无四肢的差别之外，外观最像槌子蛇的动物就是蓝舌蜥。

▲虎斑游蛇的体形和习性与槌子蛇相差甚远。

　　根据目击记录可知，槌子蛇全长30—80厘米。虽然槌子蛇乍看之下很像普通蛇类，但其外观呈圆筒状，比一般的蛇更胖、更平坦；头部呈三角形，尾巴又细又短，眼睛上有眼睑；会吐出有强烈毒性的毒液。据说它可以跳离地面2—3米高。

　　探讨槌子蛇身份的假说中，将蛇类和蜥蜴错认为槌子蛇的推论最为合理。这种推论对看惯了蛇类的目击者来说，却不是值得参考的意见。他们往往会说："你认为那只是普通的蛇？问题是，蛇根本就不会长成那个样子！"

　　如果槌子蛇真的是蛇类生物，那么它很可能是某种从未被发现的蛇类。若有朝一日活捉了槌子蛇，肯定需要将其视为重要物种来加以保护。

南迪熊

出没地点：肯尼亚　发现时间：1905年　身长：3.5米

Nandi Bear

▶南迪熊示意图。南迪熊的身高至少有1.6米，前腿比后腿长的特征很像非洲鬣狗。

▲栖息于肯尼亚的非洲鬣狗。

▲此为爪兽的示意图。爪兽生存于1200万年前，栖息地分布于亚洲、非洲。

食人脑髓的恶魔

　　肯尼亚西部的南迪有一种异兽出没，它的名字叫作南迪熊。南迪熊是夜行性动物，会趁着月黑风高袭击人类和家畜。南迪熊全身是毛，虽然头像熊，身体却很像鬣狗。当地原住民相当害怕南迪熊，称它为食人脑髓的巨大恶魔。

　　1905年，通过英国学者的著作，南迪熊广为人知。1919年，据说发生了七只羊的脑髓被南迪熊吃掉的事件。近年来，关于南迪熊的目击报告越来越少。不少人认为南迪熊不过是鬣狗，被错认为不知名生物。也有人认同南迪熊是本已绝种的大型哺乳类动物爪兽这个推论。

本耶普

出没地点：澳大利亚　发现时间：1812年　身长：1—1.5米

Bunyip

◀画着本耶普的澳大利亚邮票。

▲ 1846 年发现的疑似本耶普头骨，当时甚至登上了科学杂志的版面。有专家表示，此头骨是畸形，而非新物种，后来头骨不翼而飞。

▲根据传说描绘出的本耶普，它是一种会攻击人类、家畜的恐怖动物。

会带来厄运的可怕怪兽

1977年8月的某天夜里，一位妇女在澳大利亚新南威尔士州的河边看到了一个双眼发光的怪物。

妇女说，那个怪物一边发出"叽！叽！叽！"的尖锐叫声，一边沉入水中不见了。据说，自古以来，澳大利亚就流传着该地区的河流有"本耶普"出没的传说。根据传说，本耶普是一种凶猛、会带来厄运的可怕怪物。本耶普的目击历史悠久，1812年曾有报纸报道本耶普的踪迹。1846年，有人声称挖掘到了本耶普的头骨。也许在广大的澳大利亚原野上，仍躲藏着人类至今从未发现的巨大野兽吧！真相至今还是一个谜。

Dogman

狗人

真实度 ★★★★

出没地点：美国

发现时间：20世纪70年代

身长：1.8米

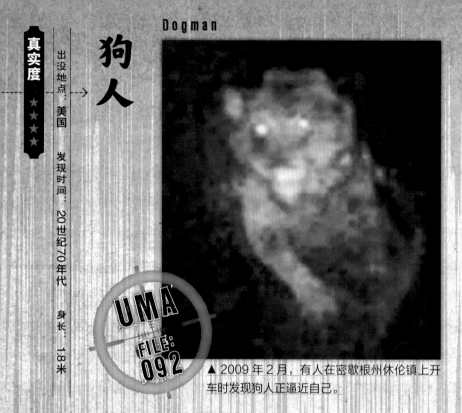

▲2009年2月，有人在密歇根州休伦镇上开车时发现狗人正逼近自己。

是虚构还是事实？

美国密歇根州有人曾经目击全身长满黑毛、脸似狗或野狼、能以两腿行走的怪物，当地居民称这个可怕的怪物为"狗人"。

2008年，在邓普顿的农场，一名在育儿中心工作的女性于深夜听到野兽的叫声，于是揭开窗帘，竟看到了一只用后腿站立的大狗。她用相机拍下这只巨大的怪狗，检视相机里的照片时却发现什么也没有拍到。

后来，密歇根州电台的员工史蒂夫·库克表示，这个怪物是他在1987年虚构出来的。库克为了节目，以密歇根州自古以来流传的兽人传说为基础，创造了这个半人半兽、用两腿站立行走的怪物，并且为这个故事作词作曲，然后在节目中播出，

▲半人半兽的狗人示意图。许多人质疑其真实性。

▲ 2007 年，于密歇根半岛的森林中采集到的狗人的足迹。

▲ 20 世纪 70 年代拍摄的狗人录像。世人称这段录像为「The gable film」。

▲ 2008 年，潜入密歇根州农场的狗人的示意图。

竟引起了很大的反响。事态有了出人意料的进展，那就是电台居然不断地收到听众的反映，他们说在密歇根州看到过和歌曲中相同的怪物四处作乱。

　　2007 年，库克在网络上公开了一段于 20 世纪 70 年代拍摄的关于狗人的录像。据说该录像是一名不动产业者发现并转交给库克的，相关摄影者无法查证。

　　如果正如库克所说，狗人是他杜撰出来的，那么在现实中不可能会有这样的未知生物。但要是密歇根州真的有狗人，那么，也许这个未知生物和库克并没有太大的关联，只是刚好和他的创作不谋而合罢了。

Mongolian Death Worm

蒙古死亡蠕虫

真实度 ★★ ☆☆☆

出没地点：蒙古

发现时间：19世纪

身长：50厘米—1.5米

UMA FILE: 093

栖息于戈壁沙漠的巨大生物

　　蒙古的戈壁沙漠在六七月会进入雨季，此时沙漠里会出现可怕的巨虫。这种虫在蒙古被称为"蒙古死亡蠕虫"。

　　死亡蠕虫会对经过它附近的人和动物喷出雾状毒液，使被喷到毒液的人或动物瞬间死亡。

　　除此之外，它的尾端可以产生电流，足以让猎物触电而死。它奇异的样子既不像毛毛虫也不像蚯蚓，当地人也称它为"肠虫"（olghoy-khorkhoy）。

　　目击记录指出，19世纪初期，一位俄罗斯学者率领调查团前往蒙古，为的是确认死亡蠕虫的踪迹。根据他们的调查报告，到那时为止，死亡蠕虫已毒杀了数百人。

180

▲勇于调查死亡蠕虫的伊万·麦可博士。

▲死亡蠕虫会躲在地下，用毒液或尾部放出的电流偷袭猎物。

◀死亡蠕虫的示意图。据说当地曾有人手持棍棒戳死亡蠕虫，但棍棒的尖端变成了绿色，而手持棍棒的人和他骑的马都当场死亡。

◀麦可博士画的死亡蠕虫示意图。其外观看起来就像有毒的巨大蚯蚓。

蒙古长年来隐匿死亡蠕虫的存在，直到1991年苏联解体后，关于死亡蠕虫的信息才获得解密。从那以后，许多外国人都可以自由前往蒙古调查当地的生态环境。

1992年，捷克的动物学者伊万·麦可博士率领调查团前往蒙古寻找死亡蠕虫。2005年，英国的科学家们也前往蒙古寻找死亡蠕虫。但他们只收集到了当地的目击报告，并没有证明死亡蠕虫是否真实存在。另外，到现在都没有人拍摄到死亡蠕虫的身影。

关于死亡蠕虫的真实身份，有人认为它只是蜥蜴或眼镜蛇的一种，也有人认为它可能是一种适应了陆上环境的新品种电鳗。不论是哪种说法，都没有较有力的科学证据。

塔佐蠕虫

出没地点：**阿尔卑斯山**　发现时间：**1717年**　身长：**不明**

Tatzelwurm

▲1991年发现的疑似塔佐蠕虫的骨骼。

◀1717年，探险家约翰·修伊萨目击塔佐蠕虫后制成的铜版画。

◀1934年，瑞士人巴金拍到的塔佐蠕虫头部的照片。

拥有前肢的巨蛇

塔佐蠕虫栖息于欧洲的阿尔卑斯山，是一种介于蛇和蜥蜴之间的未知生物。它的名字在德语里有"长着前肢的蛇"之意。正如其名，塔佐蠕虫长有前肢，但是否拥有后腿尚未被确认。

1717年，普鲁士的探险家约翰·修伊萨曾发现塔佐蠕虫，并且将自己的遭遇制成铜版画。2003年，阿尔卑斯山的马焦雷湖也传出有人看到塔佐蠕虫的消息。

由于阿尔卑斯山一带有大山椒鱼的化石，很多人认为塔佐蠕虫可能是某种山椒鱼，或者是欧洲传说中的怪物巴西利斯克。

忒提斯湖半鱼人

出没地点： 加拿大　　**发现时间：** 1972年　　**身长：** 1.5米

Thetis Lake Merman

UMA
FILE:
095

第5章

稀奇古怪的UMA

▲ 1972 年，加拿大的忒提斯湖曾经出现半鱼人的身影。

▲忒提斯湖半鱼人的示意图。

头上长尖刺的湖怪

　　加拿大不列颠哥伦比亚省的忒提斯湖据说栖息着古怪、神秘的"半鱼人"。半鱼人的身长为1.5米，全身布满鱼鳞，头上长着六根尖刺。

　　1972年夏天，当地曾有过两次半鱼人目击事件。从那以后，就再也没有人见过半鱼人了。因此，关于半鱼人的真实身份仍是谜团。两次目击事件中，第一次是两个少年被袭击，其中一人被半鱼人头上的尖刺刺伤；第二次的目击者是两位正在巡逻的警察，他们听闻两名男孩遭到了半鱼人的攻击后，立刻前往当地探察。当两位警察发现半鱼人时，它立即消失在水中。

Unicorn

独角兽

真实度 ★★★★☆

出没地点：欧洲各地

发现时间：公元前400年

身长：一米？

UMA FILE: 09.6

欧洲中世纪盛传的妖兽

传说中的独角兽是欧洲盛传的未知生物。关于独角兽的最早记录是公元前400年由古希腊学者记载的文献。

该文献记录着："印度有一种头部似雄鹿、身体似马、脚部似象、尾巴似野猪的独角兽。"

这个形象传到欧洲后有了变化，成为我们现今所知的独角兽形象：头有单角、足有双蹄、下颚有山羊须、眼珠呈天蓝色的白马。

近年来，常常出现与这个虚构动物相关的记录影像，甚至在网络上成为话题。

首先，2007年，在瑞士山区发现了疑似独角兽的生物。摄

◀中世纪的独角兽画作。独角兽原本是基于传闻而生的虚构生物。

▲ 2007年11月3日，在瑞士的山中发现了一只疑似独角兽的生物。

◀只有一根犄角的羊。不过，羊的体形和白马相差甚远，应该不可能被错认为独角兽。

▲ 2010年，加拿大有人偶然拍摄到了从相机前走过去的独角兽。

影者是一对郊游踏青的男女，当时他们拍到河川的下游有一个白色的动物站在对岸。

　　之后，2010年，在加拿大安大略省的多伦多山中拍摄到了疑似独角兽的生物。该录像被交给安大略科学中心辨别真伪，科学中心的所长表示："光是这段录像无法判断该动物的真实性，若是有新的目击情报，请提供给我们。"似乎他们也难以确定录影中的独角兽是真是假。

　　关于独角兽的身份，最为合理的推论是，它是因基因突变而外观奇异的已知动物。

　　虽然山羊等动物都有两只角，但偶尔也会出现只有一只角的山羊。关于独角兽的存在至今仍是一个谜。

梅特佩克怪物

出没地点：墨西哥　发现时间：2007年　身长：15—20厘米

Metepec Creature

▶只有巴掌大小的梅特佩克怪物。

有尾巴的神秘木乃伊

　　位于墨西哥中部的梅特佩克有一个鸟类研究所，这里有人发现了一个神秘生物的木乃伊。该木乃伊身长15—20厘米，头部呈倒三角形，四肢纤细，手脚的指头各有五根，身上还有尾巴。此木乃伊于2007年被发现，当时它被捕鼠夹夹住了。因为在这之前，有一阵子，研究所的鸟类经常被杀害，所以，他们怀疑捕兽夹夹到的这具木乃伊正是研究所的杀鸟凶手。木乃伊的身份众说纷纭，有人推测是卓柏卡布拉的幼兽，也有人说是基因改造工程制作出的变种怪物，还有人认为是外星人的遗体，但最后并没有结论。因为发现地点位于梅特佩克，该木乃伊被人们称为"梅特佩克怪物"。

猴人

出没地点：**印度**　发现时间：**2001年**　身长：**1.4—1.6米**

Monkey Man

▼被猴人袭击过的三岁男童纳比德·坎恩。

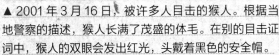
▲ 2001 年 3 月 16 日，被许多人目击的猴人。根据当地警察的描述，猴人长满了茂盛的体毛。在别的目击证词中，猴人的双眼会发出红光，头戴着黑色的安全帽。

半猴半人的未知生物

　　2001年3月，印度新德里突然出现名为"猴人"的未知生物。这个怪物的上半身像长满黑毛的猴子，下半身却很像人类。它的全身会散发出红色和蓝色的光芒，有尖锐的可伤人的爪子。猴人习惯在深夜出没，会袭击为了避暑而睡在屋顶的人类，被害者超过100人。猴人伤人事件登上了世界媒体的版面。

　　对于猴人的身份，有人推测是未知生物，也有人认为是一般的猴子，还有人觉得是犯罪集团为了转移大众的视线而放出的谣言，不过这些推论都没有决定性的证据。后来，关于猴人的目击传闻不再出现。

结语

本书介绍了98种未知生物，我们并不知道这些未知生物的真实身份，其中绝大部分至今仍是谜团。世界上仍然持续传出未知生物的目击报告。那些未知生物若是有一天正式出现在世人的眼前，或许真的会被我们判断为全新的物种吧！

随着科技的日新月异，近年来，世界各国的未知生物研究也越发蓬勃。俄罗斯、美国、英国、瑞士、瑞典……许多国家的研究学者都热衷于循着未知生物留下来的蛛丝马迹，去探寻它们的秘密。他们不只是拿它们留下来的体毛、足迹等去和别的生物比较，还通过基因检测等方法分析其基因信息。换句话说，未知生物的研究科技将会变得越来越精准。

当然，为了让研究顺利进行，除了日新月异的科学技术，最重要的是那种"好想知道"的好奇心。也许在不久的将来，能够解开未知生物之谜的人，就是带着旺盛的求知欲将本书从头看到尾的你哟！

主要参考文献

MU杂志各月号（学研）

《世界UMA大百科》（学研）

并木伸一郎《最强UMA图鉴（决定版）》（学研）

并木伸一郎《未确认动物UMA大全（增补版）》（学研）

伯纳德·霍伊维尔曼《寻找未知动物》（讲谈社）

Loren Coleman & Jerome Clark, Cryptozoology A to Z.（Simon & Shuster, 1999）

Argosy杂志各月号

照片提供

MU杂志编辑部／并木伸一郎／山口直树／松原寿昭／佐佐木幸也／上田真里荣／肖恩·山崎／Aflo／Amana Images／时事通信社／Cliff Crook/Igor Burtsev／GUST／Zoology Museum-Lausanne／Fortean Picture Library／Rex Gilroy／International Society of Cryptozoology／Mysterious Investigation Center／Scott Corrales

Photo Credit ©Aflo（175右上）/ ©Aflo / TopFoto（3上、7右上、18、23左上、41左、57左上、80、81右下、109、125右上、146、156、184）/ ©Aflo/Mary Evans Picture Library（19右）/ ©Aflo/ardea（13左、37左下、60左上）/ ©Aflo/AP Images（21右下、25左下、37右上、62、135）/ ©Aflo / Alamy（57、76、99右）/ ©amanaimages / Science Photo Library（扉页前1—5、118、125左上、137、138、144）/ ©amanaimages / Natural History Museum（176右）/ ©EPA＝时事（24右下）/ ©AFP＝时事（25右、左上）/ ©山口直树（173、174右上）/ ©松原寿昭（110上）/ ©佐佐木幸也（175左）/ ©上田真里荣（148、186）/ ©Cliff Crook（10）/ ©GUST（78、79）/ ©Ivan Mackerle（181）/ ©Igor Burtsev（55、56）/ ©Zoology Museum－Lausanne（扉页前7上、32、33）